O TEMPO QUE O TEMPO TEM

Alexandre Cherman
Fernando Vieira

O TEMPO QUE O TEMPO TEM

Por que o ano tem 12 meses e outras curiosidades sobre o calendário

ZAHAR

Jorge Zahar Editor Ltda.
rua Marquês de S. Vicente 99 – 1º | 22451-041 Rio de Janeiro, RJ
tel (21) 2529-4750 | fax (21) 2529-4787
editora@zahar.com.br | www.zahar.com.br

Grafia atualizada respeitando o novo Acordo Ortográfico da Língua Portuguesa

Capa: Dupla Design
Foto da capa: Foto trilhada que evidencia o movimento de rotação da Terra. © Garnelis Alberti/ITAR-TASS/Corbis
Ilustrações a traço: Damarquinho Camilo e Filipe Pereira
Composição: Mari Taboada

CIP-Brasil. Catalogação-na-fonte
Sindicato Nacional dos Editores de Livros, RJ.

Cherman, Alexandre, 1972-
C449t O tempo que o tempo tem: por que o ano tem 12 meses e outras curiosidades sobre o calendário / Alexandre Cherman, Fernando Vieira. — Rio de Janeiro: Zahar, 2008.
il.

ISBN 978-85-378-0056-0

1. Calendários – História. 2. Tempo. 3. Astronomia. I. Vieira, Fernando. II. Título.

CDD: 529.3
08-0180 CDU: 521.932

Para a recém-chegada Ísis,
senhora absoluta do meu tempo

Alexandre Cherman

À Fernanda Tarlen, que me ensinou
tudo que eu precisava saber.

Fernando Vieira

Sumário

Introdução

Um calendário, segundo a definição formal, é um sistema de divisão de tempo em que se aplica um conjunto de regras, quase sempre baseadas na astronomia.

Independentemente de saber recitar esta definição, a todo momento nos referimos a algum sistema de contagem do tempo. Mas fazemos isso sem nos darmos conta das dificuldades para a sua padronização e adequação aos fenômenos sazonais.

Um calendário bem-elaborado, é bom deixar claro, é aquele capaz de prever com certa acurácia algum fenômeno (na maioria das vezes natural). Há vários tipos de calendário e cada um deles se propõe a acompanhar um ou outro ciclo da natureza.

O nosso calendário, que chamamos de gregoriano, foi herdado de uma longa sucessão de tentativas e erros, tendo sido construído vagarosamente ao longo de milênios. Hoje, tão acostumados que estamos à nossa contagem do tempo, podemos não perceber a complexidade do feito de nossos antepassados.

Além disso, algumas idiossincrasias nos chamam atenção. Por exemplo, qual teria sido a origem da designação dos nossos dias como os conhecemos hoje? Por que o ano tem 12 meses e a semana sete dias? Por que o ano começa em 1º de janeiro? Por que alguns anos são bissextos e outros não? Por que os meses e os dias da semana receberam seus respectivos nomes?

Ao longo deste livro, veremos isso e muito mais.

Mas antes, gostaríamos de responder a uma pergunta que surge com frequência: por que precisamos de um astrônomo para falar sobre calendários?

A relação entre os calendários e a astronomia é direta. O homem logo sentiu necessidade de dividir o tempo para comemorar suas festas religiosas e, principalmente, saber a época ideal para as suas atividades agrícolas e comerciais.

(Os primeiros povos tinham dois sistemas básicos, baseados nos movimentos do Sol e da Lua, para a contagem de longos períodos de tempo.)

Por causa dos laços estreitos entre a contagem de tempo e a astronomia, decidimos já há algum tempo criar um curso sobre o assunto, com aulas no Planetário da Cidade do Rio de Janeiro. O grande catalisador foi o novo milênio e a febre que se alastrou entre as pessoas com a chegada do ano 2000. O curso obteve sucesso e se tornou uma iniciativa "bissexta" (literalmente, pois só o apresentamos em anos bissextos).

E, um passo de cada vez, chegamos a este livro. Esperamos que você, leitor, se apaixone pelo assunto tanto quanto nós.

Os autores

PARTE I ANTES

1

Algumas perguntas preliminares

O que é tempo?
Se ninguém me perguntar, eu sei, porém, se quiser explicar a quem me perguntar, já não sei.
SANTO AGOSTINHO

O Tempo existe?

Filosofa-se muito sobre o Tempo, assim grafado em maiúscula em reconhecimento à sua natureza única. Filosofa-se bastante a respeito do Tempo, sobretudo nos recônditos da filosofia, é claro. Mas filosofa-se muito acerca do Tempo também na física, na astronomia, na fisiologia e na psicologia.

Não falaremos sobre isso neste livro. Mas gostamos desta pergunta; às vezes, até ensaiamos uma resposta tímida. Porém, não foi para isso que estudamos, e com certeza nossas respostas são leigas e intuitivas. Podem até ser lógicas e coerentes; afinal, temos treinamento científico e intimidade com o assunto. Mas, em última análise, são respostas tão boas quanto quaisquer outras que possamos obter das cátedras universitárias numa mesa de bar.

O Tempo existe. Esta é nossa hipótese de trabalho. Estamos tão certos disso que prometemos ao leitor um novo livro caso um dia se prove, pelo método científico e de maneira inequívoca, que ele não existe.

(É claro que, se isso acontecer, será no futuro. E isso por si só deveria ser prova suficiente de que o Tempo existe! Mas, insistimos, são argumentos leigos de astrônomos apaixonados pelo tema, mas distantes de qualquer treinamento filosófico.)

Por fim, vamos tirá-lo deste falso pedestal. Falaremos do tempo, agora com letra minúscula, substantivo comum, que o dicionário define como "a sucessão dos anos, dos dias, das horas etc., que envolve, para o homem, a noção de presente, passado e futuro". Ao longo deste livro, vamos medi-lo, qualificá-lo e quantificá-lo. E faremos isso de forma objetiva, pois partimos do pressuposto de que ele é real. O tempo existe. Esta é a nossa hipótese de trabalho.

O tempo sempre existiu?

Vivemos num Universo em expansão. As equações de Einstein mostraram isso pela primeira vez em 1915, e este resultado foi tão surpreendente que o seu próprio autor o renegou. Einstein se recusou a acreditar que o Universo evoluía; inventou um termo adicional (a famosa "constante cosmológica"), forçando-o em sua equação original e fazendo dela uma receita para um Universo estático, perene e imutável.

Mas Einstein estava errado ao fazer isso. Outros teóricos, físicos e matemáticos acreditaram na validade de suas equações originais e investiram no modelo de um Universo em mutação. Isto foi comprovado em 1929, quando o astrônomo Edwin Hubble observou que todas as galáxias distantes se afastavam umas das outras. O Universo, em teoria e na prática, estava se expandindo.

Um Universo que se expande se torna, é evidente, cada vez maior. Logo, no passado, o Universo era muito menor do que é hoje. Uma conclusão lógica e coerente, se retroagirmos o suficiente no tempo, é que em determinado momento ele não existia.

Começou num ponto geométrico e passou a crescer, como, aliás, cresce até hoje. Este modelo é uma simplificação extrema das ideias de George Gamow, que em 1946 pensou pela primeira vez o que hoje chamamos de teoria do *Big Bang*. Para Gamow, em algum momento do passado, toda a matéria e energia do Universo estavam concentradas em um ponto geométrico de volume zero e densidade infinita. Tal abstração começou a se expandir num evento que, por falta de um termo melhor, foi batizado de *Big Bang*, mal traduzido para o português como "grande explosão" (afinal de contas, bang não é "explosão", mas sim o barulho que uma explosão faz, é uma onomatopeia. Uma tradução melhor seria "grande bum". Mas quem falaria isso numa aula de universidade?).

Gamow acreditava não apenas que toda a energia e matéria do Universo haviam surgido neste instante ímpar, mas que o próprio Universo havia nascido ali. Ele não estava dizendo que primeiro existia um Universo inerte e vazio que de repente se viu repleto de matéria e energia. Gamow defendia a ideia de que o Universo havia se formado num determinado ponto do passado! Para ele, o início da expansão do Universo era seu instante inicial, sua origem.

Na teoria do *Big Bang* como originalmente proposta, o próprio espaço-tempo aparece com o surgimento do Universo.

Fred Hoyle, contemporâneo de Gamow, foi o grande detrator dessa ideia. Não só a achava deselegante, por trazer uma assimetria clara para a história do Universo (um ponto no tempo completamente diverso dos demais), como a considerava perigosa, por aproximar a recém-nascida cosmologia aos conceitos religiosos prescritos pela tradição judaico-cristã.

(Curioso é lembrar que, ao tentar desacreditar as ideias de Gamow, Hoyle criou um apelido pejorativo para ela: "grande bum", ou *Big Bang*!)

Hoyle trabalhava com o princípio cosmológico estendido. Este princípio nos diz que não há lugar preferencial no Universo. Todos os pontos são equivalentes entre si. De forma sucinta, nos diz que o Universo é homogêneo e isotrópico (igual em todos os pontos e direções). Hoyle acreditava que essa premissa deveria valer também para os pontos no tempo (os instantes), e não apenas para os pontos no espaço.

O princípio cosmológico estendido diz que o Universo também é homogêneo em termos temporais. Isso quer dizer que em qualquer momento em que observássemos o Universo, deveríamos ver basicamente as mesmas coisas. Muito diferente da visão de Gamow, que defendia que o Universo no passado era intrinsecamente distinto do que é hoje.

Para Hoyle, o Universo sempre existiu. Portanto, o tempo também. Para Gamow, tanto o tempo como o Universo tiveram um começo.

Hoje há um certo compromisso entre estas duas visões diferentes. É sabido que o Universo passou a se expandir há cerca de 14 bilhões de anos. Começou muito pequeno e completamente diverso do que é hoje. Mas já não podemos afirmar se o início da expansão é, de fato, o início do Universo.

Podemos admitir que nosso Universo vive uma fase de expansão, que teve um início evidente. Se esta fase é a única ou se é apenas uma de várias (ou infinitas), isso não sabemos dizer. De qualquer forma, este livro não é o fórum adequado para esta discussão.

Importante é saber que o nosso tempo como o conhecemos começou ao mesmo tempo que a expansão do Universo. Se havia outro tempo antes disso, não podemos saber.

Ou, como Santo Agostinho colocava de maneira magistral: "O que havia antes da Criação? O Inferno, para lá jogar as pessoas que fazem esta pergunta."

O tempo tem fim?

A pergunta seguinte é irmã gêmea da anterior. Se o tempo tem um início (pelo menos o nosso tempo como o conhecemos), teria também um fim?

Não necessariamente. É fácil pensar em algo que tem começo mas não tem fim. Os números naturais, por exemplo. Começam no zero e vão crescendo, de um em um, até o infinito. Apresentam um começo claro, o zero, mas não têm fim.

A pergunta, do ponto de vista prático, deveria ser: o Universo vai acabar um dia? Se o tempo como o conhecemos começou com o Universo, no início da expansão, então seria natural pensar que se, e quando, o Universo deixar de existir, este tempo sobre o qual tanto falamos deixará de existir também.

O que o futuro nos reserva, então?

Logo que a expansão do Universo se tornou o paradigma científico da cosmologia, uma das perguntas mais pertinentes era: vai se expandir para sempre? A única força que então se conhecia capaz de agir em grandes distâncias era a força da gravidade (as forças eletromagnéticas, por seu caráter bipolar, tendem a se anular no Universo como um todo). E, sendo a gravidade sempre atrativa, ela funcionaria como um freio constante para a expansão do Universo.

O Universo deveria, em algum momento, parar de se expandir. E, claro, com a força da gravidade sempre atuante, querendo o tempo todo aproximar os corpos, o Universo passaria a sofrer um colapso. O fim do Universo aconteceria com uma grande implosão, um desabamento sobre si próprio.

O *Big Crunch*. Com o fim do Universo, acabaria também o tempo como o conhecemos.

(Se o *Big Crunch* pode dar origem a um novo *Big Bang* é uma pergunta válida e legítima, que nos leva a um modelo de Universo conhecido como Universo Cíclico ou Eterno. De nosso maior interesse seria a seguinte pergunta: o que aconteceria com o tempo? Ele seguiria correndo sem problemas ou a cada novo ciclo ele começaria de novo? Novamente, esta questão reside mais na área filosófica do que no campo da astronomia.)

Mas e se vivêssemos em um Universo essencialmente vazio? Um Universo com pouca matéria teria uma gravidade geral muito fraca. Tal força não seria suficiente para deter a expansão e o Universo continuaria a crescer e a se tornar cada vez maior.

Neste cenário, o Universo vive para sempre e o tempo não teria fim. Os componentes do Universo, porém, possuiriam um tempo de vida limitado e, depois de um longo período, todas as estrelas deixariam de brilhar. O Universo continuaria a se expandir, o tempo continuaria a passar, mas não haveria mais nada acontecendo no espaço. O Universo se tornaria um lugar frio e inerte. Este cenário desolador é chamado de *Big Chill*, o "grande frio".

Desde a virada do século, entretanto, conhecemos um outro possível cenário futuro (na verdade, o mais provável); é o *Big Rip*, ou "grande rasgo". Informações observacionais feitas em 2000 nos mostram que o freio gravitacional que age no Universo como um todo é fraco e que também há uma misteriosa força desconhecida que acelera a expansão.

O Universo se expande cada vez mais rapidamente. Se considerarmos o espaço-tempo como um "tecido", veremos que esta expansão acelerada rasgará tanto o espaço quanto o tempo. O tempo como o conhecemos terá um fim...

(Se os rasgos no espaço-tempo darão origem a novos *Big Bangs* – e por conseguinte a uma nova contagem de tempo – também é uma pergunta legítima, mas que foge ao escopo deste livro.)

Contínuo ou discreto?

Digamos que o auxiliar de serviços gerais de um escritório é alguém tímido e reservado. Poderíamos, sem problema algum, então dizer: "o contínuo é discreto". Na matemática, esta frase representa um paradoxo; para esta ciência, "contínuo" e "discreto" são antônimos. O primeiro quer dizer "infinitamente divisível", enquanto o segundo é o oposto, algo que possui uma unidade mínima, indivisível.

Os números inteiros são, é óbvio, discretos. Se tomarmos um número inteiro qualquer, haverá uma quantidade finita e limitada de vezes que poderemos dividi-lo sem sair do domínio original dos próprios números inteiros. Já os números reais são claramente contínuos. Podemos dividi-los infinitas vezes, sempre obtendo novos números reais.

(Na física usa-se muito o termo "quântico" – ou "quantizado" – para exprimir grandezas discretas. Não por acaso, o ramo da física que se ocupa das quantidades mínimas indivisíveis chama-se mecânica quântica.)

Contamos o tempo em unidades criadas de modo arbitrário. Milênios se dividem em séculos, que são divididos em anos, que se dividem em meses, que são divididos em dias. Os dias se dividem em horas, que se repartem em minutos, que são formados por segundos. E os segundos, a princípio, se dividem infinitamente em deci, centi, mili, micro, picossegundos...

Ou não?

Zenão, filósofo eleático, discípulo de Parmênides, propôs uma série de paradoxos há cerca de 2.300 anos para ilustrar esse aspecto, tanto do tempo como do espaço. Adaptaremos aqui apenas um, de um total de cinco, justamente aquele que faz alusão direta ao tempo.

Imaginemos algo em movimento. Zenão usa uma flecha, mas flechas já não fazem parte do nosso cotidiano... Pensemos num foguete supersônico cruzando a atmosfera. Quando olhamos para ele, o vemos em movimento.

Vamos, agora, tirar uma foto deste foguete. Na fotografia, ele parece estar parado. Isso será mais exato à medida que o tempo de exposição da foto for menor. Vamos imaginar um caso ideal, com uma máquina fotográfica perfeita e com o tempo de exposição sendo zero (isso não faz sentido, sabemos, e é justamente isso que desejamos mostrar). Com o tempo mínimo de exposição, zero, teremos uma fotografia em que o foguete de fato está parado. Mas se o foguete está parado na fotografia, como pode estar em movimento? Ou o foguete está parado ou está em movimento!

Segundo Zenão, não existe um intervalo de tempo nulo. Há um intervalo de tempo mínimo, e nada menor do que ele. Assim, nossa máquina fotográfica ideal, por melhor que seja, não pode registrar um intervalo de tempo nulo; ela deve registrar o intervalo de tempo mínimo. E, portanto, a fotografia apenas parece mostrar o foguete parado, mas como ela na verdade foi tirada durante um certo intervalo de tempo (muito pequeno, é verdade), o foguete não está de fato inerte.

Saindo da filosofia rumo à física, sabemos hoje o quanto vale este menor intervalo de tempo: 10^{-43}s. Para aqueles não acostumados à notação científica, isto equivale a dizer que pegamos um segundo (intervalo de tempo que já nos parece pequeno) e o dividimos, primeiro, em um milhão de pedacinhos. Cada pedacinho destes é um microssegundo, que será dividido de novo em um milhão de outros pedacinhos. Se fizermos este processo outras cinco vezes e por fim dividirmos o pequeno intervalo final em dez pedaços, finalmente teremos o menor intervalo de tempo: 10^{-43}s.

Este diminuto intervalo de tempo, que sequer podemos imaginar, é conhecido como "tempo de Planck", uma justa homenagem a Max Planck, um dos fundadores da mecânica quântica. Um nome menos usado é "crônon", a partícula temporal.

O valor de um crônon em segundos é deduzido a partir de algumas constantes universais: a constante de gravitação de Newton, a velocidade da luz e a constante de Planck.

Estamos muito longe de perscrutar fenômenos tão efêmeros que só aconteçam na escala de Planck. Mas o pensamento lógico já deixou claro que o tempo deve, sim, ser uma grandeza discreta. Mas a física não pode se apoiar apenas em pensamentos lógicos; afirmações físicas devem ser provadas. Assim, não podemos afirmar que o tempo é realmente discreto. Podemos, no entanto, trabalhar com o crônon, a partícula temporal, como sendo o menor intervalo de tempo com algum significado físico.

Para efeitos práticos, o tempo é uma grandeza discreta, pois não faz sentido físico pensar num intervalo de tempo menor que um crônon.

Relativo ou absoluto?

Muitas vezes se compara o passar do tempo com o fluir de um rio. Fazia-se isso na época de Newton, defendendo-se o tempo absoluto. Independentemente do que se faz no rio, sua correnteza continua constante, da nascente à foz, do passado para o futuro.

Mas não é difícil pensarmos em obstáculos, naturais ou não, que alterem o fluxo do rio. Corredeiras, cachoeiras, barragens e bifurcações alteram não só a velocidade com que a água flui, mas por vezes até sua direção. Se compararmos o rio ao tempo, será que podemos ter o tempo fluindo com taxas variáveis?

Por incrível que pareça, sim!

A teoria da relatividade (especial, de 1905, e geral, de 1915) mostrou, sem sombra de dúvidas, que o tempo é relativo. O próprio Einstein costumava brincar ao explicar sua teoria: "Um minuto ao lado de uma bela mulher passa muito mais rápido."

(Apesar do nome, "teoria da relatividade", e da conclusão que o tempo – e também o espaço – é relativo, Einstein jamais disse que "tudo é relativo". Justamente o contrário. Tal teoria se baseia num conceito absoluto: a velocidade da luz. Como a velocidade da luz é absoluta, imutável e igual para todos os observadores, todo o resto – espaço e tempo – é relativo.)

Velocidades altas e campos gravitacionais fortes funcionam como barreiras num rio, retardando a passagem do tempo. Há soluções teóricas que mostram que se pode até chegar ao passado indo sempre em direção ao futuro (em nosso exemplo geográfico, seria como se parte do rio se bifurcasse e, por questões orogênicas, voltasse ao rio original em um ponto anterior à bifurcação. Para um navegante distraído, ele estaria indo sempre em direção à foz, mas acabaria chegando mais próximo à nascente!). Tais soluções teóricas são chamadas de CTC, sigla em inglês que significa "curva de tempo fechada", e também fogem do objetivo deste livro.

O tempo é a quarta dimensão?

Sim. E não. Para melhor entender a contradição destas respostas, é necessário ter bem clara a definição de "dimensão".

O conceito em si é simples e cotidiano, e de modo algum pertence ao domínio das ciências complexas.

Uma "dimensão", numa primeira abordagem, pode ser definida como um número que quantifica o tamanho de algum objeto. Por exemplo, um ponto (o ponto geométrico, conforme definido por Euclides) não tem tamanho (sim, isso é um conceito abstrato, sabemos). Se não tem tamanho, não precisamos de nenhum número para quantificá-lo. O ponto é, portanto, adimensional.

Um fio, no entanto, possui determinado tamanho. E precisamos de apenas um número, seu comprimento, para medi-lo. Um fio, uma linha, um segmento de reta, são objetos de uma dimensão. Um quadrado (ou um retângulo) tem duas dimensões, pois precisamos de dois números para quantificá-lo (comprimento e largura). Na verdade, qualquer figura plana, poligonal ou não, possui duas dimensões.

Por fim, chegamos aos sólidos. Objetos que têm comprimento, largura e altura. Três números são necessários para medi-los; logo, são objetos tridimensionais.

Mas o leitor há de concordar que ponto, linha, plano ou objeto, todos possuem uma duração. Por isso podemos dizer que o tempo também é uma dimensão. Uma caixa de sapatos, por exemplo, tem largura, comprimento, altura e uma duração (por melhor que seja a caixa, ela não vai durar para sempre!).

Então, admitindo que o tempo é uma dimensão, o ponto geométrico como pensado por Euclides deixa de ser adimensional e passa a ter uma dimensão: a dimensão temporal. Tudo à nossa volta tem, portanto, quatro dimensões: três espaciais e uma temporal.

Em uma abordagem distinta, podemos definir "dimensão" como um grau de liberdade. Um ponto qualquer do espaço pode ser alcançado por meio de uma sequência finita de movimentos retilíneos, alternando-se as seguintes escolhas:

direita-esquerda; em cima-embaixo; frente-atrás. Três graus de liberdade, três dimensões. Ah, claro, não podemos esquecer da dimensão temporal: passado-futuro.

(Não, não estamos dizendo que alguém pode escolher ir em direção ao passado. Neste caminho, há uma barreira que parece intransponível. Mas a existência de um muro não quer dizer que não exista o outro lado.)

Por fim, podemos definir "dimensão" como sendo um número necessário para localizarmos algo com certa precisão. Peguemos um satélite, por exemplo. Para o encontrar, precisamos de um conjunto de quatro números (uma latitude, uma longitude, uma altitude e uma hora determinada), o que mostra que nosso mundo existe em quatro dimensões: três espaciais e uma temporal.

Então, o tempo é de fato *a* quarta dimensão? Não. O tempo é *uma* quarta dimensão. Teorias modernas da física prescrevem um espaço com dez dimensões espaciais, sete das quais seriam imperceptíveis às nossas medições. Ou seja, do ponto de vista puramente espacial, pode haver uma quarta dimensão, mas esta não é o tempo.

Resumindo: o tempo é a quarta dimensão? Sim. E não.

Afinal, o que é o tempo?

O tempo é uma dimensão provavelmente discreta e com certeza relativa. Como o conhecemos, teve um início e terá um fim. O tempo existe, é real e independe da nossa existência.

O tempo é, sobretudo, mensurável. E este livro é sobre isto, a medição do tempo.

Movimentos da Terra 2

E, no entanto, se move.
GALILEU GALILEI

Afinal, o que é o tempo?

Começamos este capítulo com a mesma pergunta com a qual encerramos o anterior. A resposta, porém, é bem diferente. Queremos, agora, ser pragmáticos. Não estamos mais preocupados com os conceitos filosóficos a respeito do nosso objeto de estudo. Sabemos que o tempo é mensurável e queremos medi-lo. Mas o que é o tempo?

Tempo é movimento. O vaivém de um pêndulo, o escorrer de grãos de areia, o derreter de uma vela. Medir o tempo é criar padrões confiáveis a partir de movimentos, de preferência cíclicos. Melhor ainda se pudermos observar movimentos que não dependam de nós.

Esta é a deixa perfeita para a entrada da astronomia em nossa história. Onde mais encontraremos movimentos cíclicos, precisos, confiáveis e completamente alheios às nossas vontades?

O Sol, por exemplo, é um imenso ponteiro riscando a face de um relógio cósmico. Seu ciclo diário de nascer e ocaso é um instrumento fantástico para a medição do tempo. Mas este é um ciclo curto e sua contagem serve muito bem para a divisão do dia em pedaços (as horas).

Há um outro ciclo solar que só é percebido ao longo dos meses. Hoje, este outro ciclo talvez passe despercebido por muitos, pois não é óbvio como o ciclo diário. Mas ele é tão importante quanto. Além de um relógio, o Sol é um calendário muito eficiente. Basta saber consultá-lo.

Faremos isso sob a ótica moderna, conscientes de que é a Terra, e não o Sol, que se movimenta pelo espaço.

Quantos movimentos tem a Terra?

Esta pergunta até hoje não encontra consenso na comunidade astronômica. E por mais incrível que possa parecer, isto nada tem a ver com o nosso conhecimento a respeito da Terra.

No cerne desta pergunta reside uma outra: o que é exatamente um movimento?

Peguemos um ponto qualquer sobre a roda de uma bicicleta, a princípio parada. Se formos observá-lo em movimento, a curva que descreve sua trajetória é a cicloide, descrita na figura abaixo.

O ponto em questão tem um movimento, descrito com precisão por uma cicloide. Mas, é claro, poderíamos dividir este movimento único em duas componentes. A primeira representa

Bicicleta em movimento e a cicloide em evidência.

o movimento, descrito por uma circunferência, que o ponto realiza ao redor do eixo da roda.

A segunda componente é uma reta, que indica o movimento que a bicicleta faz como um todo (presumindo que nosso ciclista esteja pedalando em linha reta, é claro), arrastando consigo todos os pontos que a roda contém, inclusive aquele que estamos acompanhando.

Depois disso, é fácil entender que a Terra possui apenas um movimento. Ainda que tal afirmação não seja um consenso entre os astrônomos, é esta a terminologia que adotaremos aqui. A Terra possui apenas um movimento, que por sinal é bastante complexo. Por isso mesmo ele é dividido em vários componentes, os quais chamamos de forma tão corriqueira de "movimentos da Terra". Podemos até continuar usando esta expressão, desde que saibamos que é apenas isso: uma expressão, uma figura de linguagem.

Visando facilitar o entendimento desta questão, iremos nos referir aos componentes do movimento da Terra como "movimentos da Terra".

Rotação

O mais básico dos movimentos da Terra é a rotação, que se dá em torno de um eixo imaginário que liga os polos Norte e Sul geográficos e passa pelo centro da Terra.

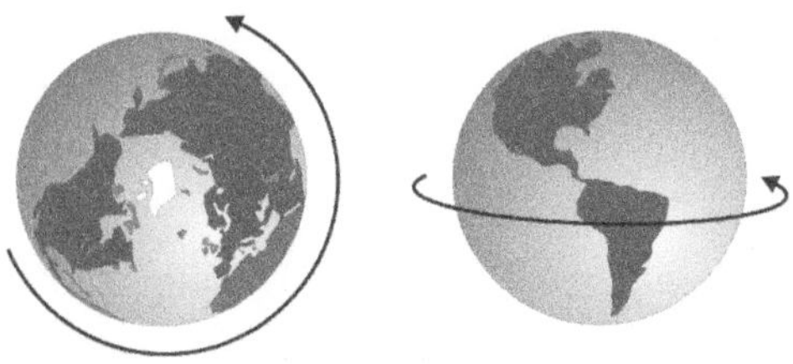

Movimento da Terra visto do Polo Norte e do Equador.

Se orientarmos a Terra com o hemisfério Norte para cima (o que é apenas uma convenção antiga), a rotação ocorre da esquerda para a direita; se olharmos a Terra por cima, a partir do polo Norte, a rotação segue o sentido anti-horário (outra convenção que teve origem nas cátedras setentrionais e nós, habitantes do hemisfério Sul, acabamos adotando por imposição cultural).

Uma rotação completa dura 23h56min. Atenção: o período da rotação não é de 24 horas! Voltaremos a este detalhe intrigante logo adiante.

A origem deste movimento está intimamente ligada ao fato de a Terra se mover ao redor do Sol. Também falaremos sobre isto mais à frente.

O movimento de rotação da Terra é de fácil percepção, embora por muito tempo a humanidade tenha acreditado que a Terra permanecia imóvel no centro do Universo, que giraria ao redor de nosso planeta e reproduziria o ciclo diurno que tão bem conhecemos. A própria origem da palavra universo nos remete a esta falsa premissa; vem da expressão *unus verterem*, que em latim significa "o que gira como uma coisa só".

A rotação é responsável pelo nascer dos astros no horizonte leste (não exatamente no ponto cardeal leste) e pelo ocaso no horizonte oeste.

Um ciclo completo do movimento de rotação é chamado, na astronomia, de "dia sideral". Um dia sideral pode ser medido por meio da observação de um astro distante que não tenha um movimento próprio perceptível (por exemplo, qualquer estrela que vemos à noite).

Para fazermos esta contagem de tempo, convém definir uma linha no céu, chamada "meridiano do observador" (ou "meridiano local"). Esta linha é um semicírculo que contém os pontos cardeais norte e sul, além de um ponto muito especial do céu: o zênite, que, em explicação sucinta, é o ponto mais alto do céu (o popular "a pino").

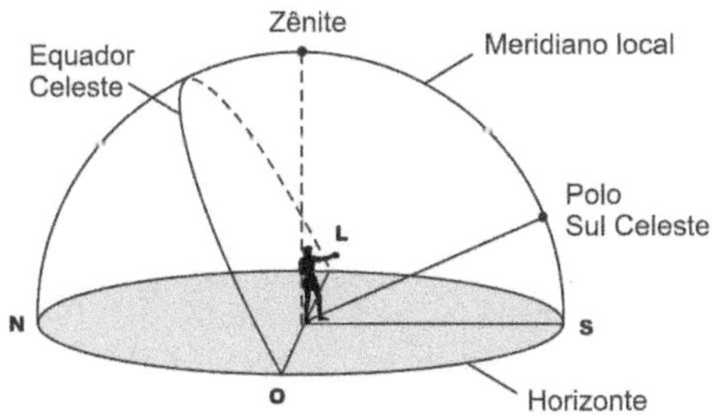

Esquema básico da esfera celeste para um observador no Rio de Janeiro, com seus principais elementos.

Basta agora escolhermos qualquer estrela do céu (com a óbvia exceção do Sol, é claro) e cronometrar o tempo que ela leva para cruzar duas vezes seguidas o meridiano local. Este é o período da rotação: 23h56min. Isto é um dia sideral.

(O instante em que uma estrela ou qualquer outro astro cruza o meridiano local é chamado de "culminação".)

Se fizermos esta mesma experiência com o Sol, definiremos o "dia solar", que tem duração média de 24 horas. E esta diferença, conforme já foi prometido, será explicada muito em breve.

Por razões óbvias, nossos antepassados tinham mais facilidade para observar o Sol do que outros astros, e por isso mesmo usamos até hoje o conceito de "dia solar", e não o de "dia sideral".

Em relação ao uso da palavra "dia", a empregamos coloquialmente em nosso cotidiano, sem nunca nos preocuparmos se estamos falando em dia solar ou dia sideral. Em geral nos referimos ao dia solar, ou seja, a um período de 24 horas. Mas é importante saber que este período não é o tempo de rotação da Terra.

Além disso, há um certo abuso de linguagem, pois costumamos dividir este período de 24 horas em duas partes: o dia e a noite. O dia, é óbvio, é a parte deste período em que temos o Sol acima do horizonte; durante a noite, o Sol está abaixo do horizonte. Isso pode sugerir uma certa esquizofrenia involuntária, como a frase que diz: "Um dia é composto por um dia e uma noite."

Há uma solução para isso, uma vez que a língua portuguesa possui uma palavra que denomina a soma de um dia (parte clara) e uma noite (parte escura) de um período de 24 horas: nictêmero. Mas acreditamos que o leitor, com medo de assustar seus amigos, não vá incorporar este termo ao seu vocabulário.

Fiquemos então com a palavra "dia", que tanto pode ser o período de rotação da Terra (dia sideral) como o período entre duas culminações sucessivas do Sol (dia solar) ou a duração da parte clara de um nictêmero.

Revolução

Aumentando o escopo da nossa jornada pelos movimentos da Terra, falaremos agora do movimento que nosso planeta realiza ao redor do Sol. É quase certo que o leitor tenha aprendido, na escola e nos livros que tratam do assunto, o nome deste movimento como "translação". Aqui o chamaremos de "revolução".

Por que não usar o nome consagrado? Em primeiro lugar, porque, de um ponto de vista físico, está errado. Translação, na dinâmica e na cinemática (as áreas da física que estudam a movimentação dos corpos), é um movimento paralelo a um determinado eixo. A órbita da Terra, por ser uma curva fechada, obviamente não é paralela a reta alguma!

Esquema simplificado da órbita da Terra ao redor do Sol. [Figura fora de escala]

Este equívoco vem sendo cometido a tanto tempo que acabou se tornando um acerto! Os dicionários da língua portuguesa apresentam entre as definições do termo translação: "movimento que a Terra realiza em torno do Sol".

O nome mais correto do ponto de vista físico é "revolução", pois é este termo que descreve um movimento ao redor de algo. É o nome mais adequado também do ponto de vista histórico, já que o próprio Nicolau Copérnico, quando, em 1543, publicou sua obra defendendo o heliocentrismo, batizou-a de *Sobre a revolução das orbes celestes.*

Enfim, o movimento que a Terra realiza em volta do Sol é uma revolução; por se tratar do nosso planeta, acabou ganhando um nome próprio: translação (que, para confundir a todos, quer dizer outra coisa!). Neste livro, vamos usar o termo mais apropriado.

O tempo que a Terra leva para dar uma volta completa em torno do Sol é chamado de "ano sideral", e é igual a 365,256363 dias solares (ou, ainda, 365 dias, 6 horas, 9 minutos e 9,8 segundos). Pelo que já discutimos quando falamos da rotação, o leitor atento entenderá que o adjetivo "sideral" nos dá o real período do movimento, mas não leva em conta sutilezas locais (isto é, outros movimentos que contribuem para o que estamos estudando).

Não custa lembrar que "sideral" vem de *sidus*, que em latim significa "astro". Na astronomia, usamos este adjetivo quando queremos fazer referência às estrelas distantes.

Voltando à revolução, é natural entendermos que os primeiros astrônomos, novamente, tinham mais facilidade para medir o tempo por meio da observação do Sol, e não de uma estrela mais distante. Assim, um outro ciclo foi observado e batizado de "ano solar" ou "ano trópico". O ano trópico dura 365,24219 dias solares, ou 365 dias, 5 horas, 48 minutos e 45,2 segundos (cerca de 20 minutos mais curto que o ano sideral). Esta é a duração do ano que usamos na construção do nosso calendário.

A observação solar faz todo sentido não apenas por ser mais fácil, mas por ser o Sol o grande regulador da vida em nosso planeta. Os ciclos circadianos de cada espécie acompanham o Sol, e não os astros distantes. O movimento de revolução dá origem aos ciclos das estações do ano.

Não é mistério que o eixo da Terra (ao redor do qual nosso planeta realiza sua rotação) é inclinado em relação ao plano de sua órbita em volta do Sol.

Órbita da Terra ao redor do Sol com eixo de rotação da Terra. [Figura fora de escala]

Esta inclinação de cerca de 23°27' em relação à direção perpendicular ao plano, junto ao movimento de revolução, é responsável pelo vaivém das estações.

Ao longo de uma órbita completa da Terra, seus hemisférios Norte e Sul recebem quantidades diferentes de luz solar, dependendo da época do ano. Este ciclo é de fácil percepção (talvez não em latitudes baixas, como no caso da maior parte das cidades brasileiras) e seu domínio pelo homem foi um passo decisivo no surgimento da civilização como a conhecemos. A partir do momento em que nossos antepassados passaram a compreender que havia épocas melhores para o plantio, a produção agrícola foi otimizada, o que liberou mão de obra para formar as primeiras cidades.

O ciclo sazonal se caracteriza por quatro instantes muito bem-definidos, que equivalem a quatro pontos unívocos na órbita da Terra: dois equinócios e dois solstícios.

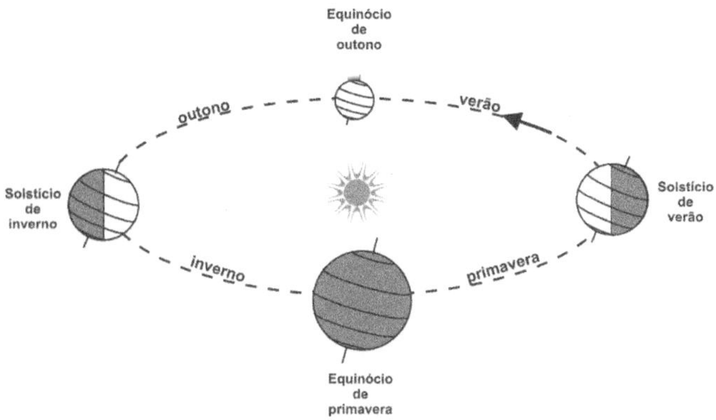

Estações (hemisfério Sul).
Os tamanhos relativos estão exagerados.

Os equinócios ocorrem quando ambos os hemisférios da Terra (Norte e Sul) recebem exatamente a mesma quantidade de luz solar. Costumamos, por motivos históricos, chamar estes dias de "começo do outono" e "começo da primavera". Em termos astronômicos, os equinócios deveriam ser considerados o auge destas estações, não o início.

Os solstícios, historicamente considerados como o início tanto do inverno como do verão, ocorrem quando a diferença de insolação entre um hemisfério e outro é máxima.

Também por razões históricas, o equinócio de março tem uma importância maior que o equinócio de setembro, pois marca o início da primavera no hemisfério Norte. Nas altas latitudes, após um inverno rigoroso, o equinócio de primavera era bastante comemorado. Astronomicamente, ambos os equinócios são equivalentes, mas por questões de domínio cultural por parte dos nossos vizinhos do norte, o equinócio de março se destaca e foi batizado de "equinócio vernal". (Não por acaso a primavera tem este nome, que significa "primeira estação".)

Pois bem, o ano trópico, ou ano solar, é o período entre duas passagens consecutivas do Sol pelo equinócio vernal. (Lembrando, é claro, que o movimento do Sol é apenas aparente; quem se move, neste caso, é a Terra.) Esse é o período que nos interessa para a construção do calendário.

Rotação e revolução

Ao compreendermos a rotação e a revolução, podemos deduzir que há uma ligação entre ambas.

O leitor atento há de percebê-la na diferença de quatro minutos entre o dia sideral (período de rotação da Terra) e o dia solar (intervalo de tempo entre duas culminações sucessivas do Sol).

De fato, o dia solar é um pouco mais longo que o dia sideral por causa da composição dos dois movimentos. Não podemos esquecer que, no tempo em que a Terra dá uma volta completa em torno de si (um dia sideral), ela anda um pouco em seu movimento ao redor do Sol. Assim, para que tenhamos duas culminações sucessivas do Sol, precisaremos esperar mais. Justamente os quatro minutos de diferença entre os dias sideral e solar.

Desvendado o mistério da discrepância de quatro minutos entre o dia sideral e o dia solar, vamos trazer algumas complicações à tona: o dia solar não tem exatamente 24 horas! Ele tem em média, ao longo do ano, 24 horas. Mas como a sua duração é resultado da composição de dois movimentos (rotação e revolução), e um deles (a revolução) acontece com velocidade variável (quando a Terra está mais próxima do Sol sua velocidade orbital é maior), fica claro que o componente do dia solar oriundo da revolução não pode ser constante.

A duração do dia solar varia entre 23h59min39s e 24h00min30s; mas é importante frisar que na média ao longo do ano o dia solar tem 24 horas.

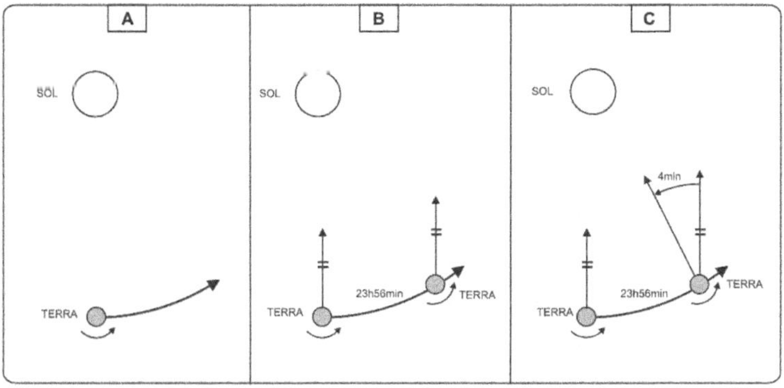

A. A Terra em um dia qualquer do ano.
B. Posição da Terra após um dia sideral (23h56min).
C. São necessários mais 4min para completar um dia solar.

Contudo, a ligação entre estes dois movimentos é mais profunda do que aparenta. Ela remonta à origem da rotação.

A Terra, assim como todos os outros planetas e demais objetos do sistema solar, formou-se a partir de uma grande nuvem de gás e poeira que, em sua porção central, deu origem ao Sol.

(Podemos considerar o nosso tão importante planeta como o entulho de uma monumental obra cósmica que criou o Sol!)

O Sol e os demais objetos do sistema solar se formaram por um processo de acresção. Basta uma pequena porção da nuvem original ter densidade um pouco maior que sua vizinhança para que ela atraia gravitacionalmente a matéria em sua direção. Isso aumenta a concentração de matéria e, por conseguinte, aumenta a força da gravidade. Sendo um processo retroalimentar, grandes glóbulos de matéria se formaram a partir da nuvem difusa. O maior deles, na região central, deu origem ao Sol. Os demais, bem menores, se transformaram nos planetas.

Esta nuvem primordial tinha um movimento próprio de rotação em torno de seu eixo central. Tal movimento sobrevive até hoje na rotação do Sol e na revolução dos planetas. De maneira distinta do Sol, porém, os planetas são corpos rígidos e não se formaram no centro da nuvem.

O movimento de rotação da nuvem tinha, *grosso modo*, velocidade angular constante. Isso quer dizer que quanto mais afastado do centro, maior era a velocidade (pense em um CD girando dentro de um aparelho de som; a borda tem que girar com muito mais rapidez que as partes centrais para que o disco mantenha seu formato). É natural, portanto, que à medida que os planetas foram tomando certa forma, suas porções mais afastadas do centro da nuvem tivessem velocidade maior que as partes mais próximas do centro. Essa diferença de velocidade entre as porções do corpo rígido recém-formado provocou o que hoje chamamos de movimento de rotação.

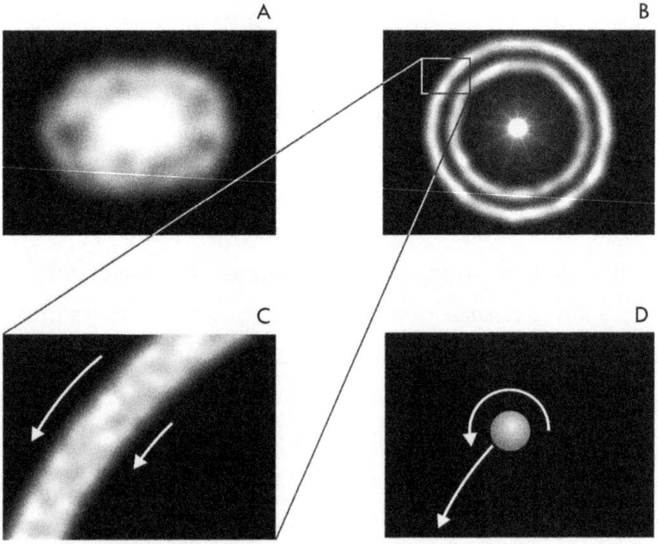

A. A nuvem primordial que originou o sistema solar.
B. O Sol se forma ao centro e, ao seu redor, anéis de matéria ocupam certas regiões.
C. A parte externa do anel gira mais rapidamente que a parte interna.
D. Com a formação do planeta, as diferenças originais de velocidade dão origem à rotação.

Precessão

Rotação e revolução (ainda que com outro nome) são movimentos que, sem sombra de dúvidas, o leitor já conhecia antes de ler este livro. Isso talvez não se aplique em relação à precessão.

Dependendo da idade e das preferências lúdicas, o leitor pode já ter visto um pião girando. O movimento do pião se dá ao redor de um eixo (exatamente como a rotação da Terra), que, na grande maioria dos casos, não é perpendicular ao chão (mais uma vez, como o nosso caso de interesse astronômico).

Um corpo rígido que gira em torno de um eixo que não está perpendicular ao plano fundamental do movimento acaba percebendo forças adicionais que provocam um movimento extra, o qual é chamado de precessão.

No pião é bastante fácil perceber a precessão. É o movimento que o eixo do pião faz ao redor de um segundo eixo, este sim perpendicular ao chão. Se pudéssemos enxergar a figura desenhada no ar pelo eixo do pião, veríamos um cone.

Com a Terra não é diferente. Seu eixo de rotação não é perpendicular ao plano fundamental de seu movimento (o plano de sua órbita). Isso faz com que a Terra, assim como o pião, realize o movimento de precessão. Este movimento é negligenciado por grande parte dos currículos escolares porque seu período é muito longo. Ele demora cerca de 26 mil anos para completar um ciclo.

A precessão é a causa da discrepância entre a duração do ano sideral e a duração do ano trópico. Para entender o porquê disso, convém nos concentrarmos nas consequências da precessão não em nosso planeta diretamente, mas em alguns pontos específicos de sua órbita.

A Terra, ao realizar o movimento de precessão, se assemelha a um pião, já sabemos. Mas há outro jeito de entender a precessão.

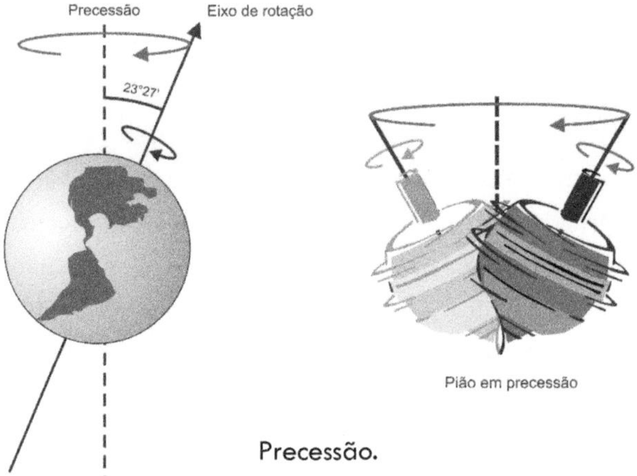

Precessão.

Vamos construir alguns círculos imaginários no céu. Um será o equador celeste, uma projeção rumo ao infinito do equador terrestre. O outro círculo que nos interessa é chamado de eclíptica, e é a projeção rumo ao infinito do plano da órbita de nosso planeta.

Uma vez que a Terra tem uma inclinação, os dois círculos imaginários não coincidem. Os dois pontos onde eles se encontram correspondem aos equinócios (março e setembro). O movimento de precessão, nesta perspectiva, faz com que o equador celeste faça um "bamboleio", alterando a posição dos equinócios na eclíptica (este movimento é idêntico ao executado por uma moeda que foi girada sobre uma mesa e começa a parar de girar). Isto é o que os livros técnicos chamam de "precessão dos equinócios", que nada mais é do que um efeito do movimento de precessão.

Graças à precessão, o tempo que a Terra leva para dar uma volta completa ao redor do Sol (ano sideral) é um pouco diferente do tempo que o nosso planeta leva para ir de um equinócio vernal a outro (o ano trópico).

Os primeiros astrônomos, os sumérios, percebiam o equinócio vernal na constelação de Touro. Não por acaso, esta constelação zodiacal foi a primeira a ser criada. Para os sumérios, era o "boi celestial" (*Gutanama*) que cavava um "sulco celeste"

(*Pidnu-Sha-Shame*) no céu, sendo o responsável pelo confinamento dos planetas naquela região do céu (o zodíaco).

A civilização suméria desapareceu cerca de dois mil anos depois, na mesma região (a Mesopotâmia, onde hoje fica o Iraque) em que floresceu a Babilônia. Os babilônios observaram o equinócio vernal na constelação de Áries (ou Carneiro), justamente por causa do movimento de precessão. Como os babilônios foram também os inventores da astrologia, temos até hoje os signos começando em Áries.

Atualmente, o equinócio vernal acontece na constelação de Peixes. E o lento, porém gradual, movimento de precessão vai levá-lo para a constelação de Aquário. Quando isso acontecer (no ano de 2597) estaremos, enfim, na famosa "Era de Aquário".

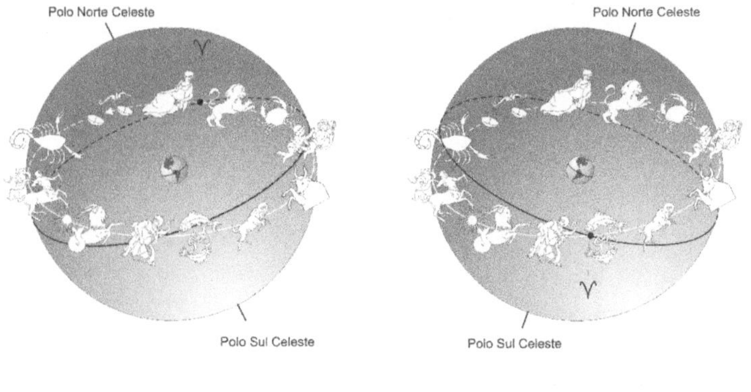

Efeito da precessão ao longo do tempo.

Nutação

Rotação, revolução e precessão são movimentos conhecidos desde a Antiguidade. Ainda que não soubessem que era a Terra que se movia pelo espaço, nossos precursores reconheciam os

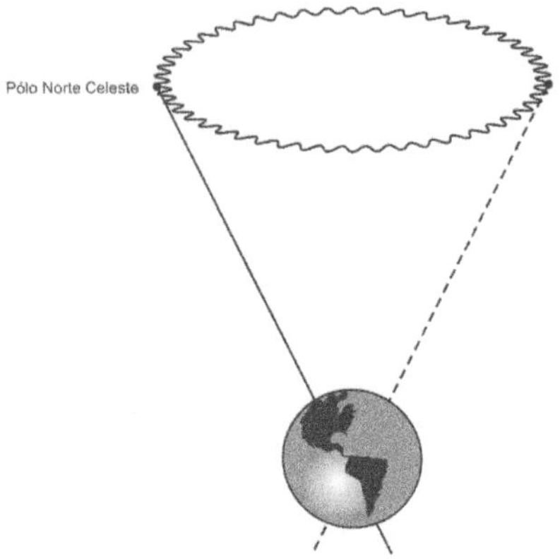

Nutação e precessão da Terra.

ciclos associados a estes movimentos). A nutação, no entanto, só foi descoberta no século XVIII.

Podemos explicá-la voltando à analogia do pião. Se considerarmos que o chão sobre o qual o pião gira é irregular, teremos uma oscilação sutil no ângulo que seu eixo faz com o chão. Estas oscilações são o próprio movimento de nutação.

Por razões muito diferentes, o ângulo que o eixo de rotação da Terra forma com a perpendicular ao seu plano de revolução também varia. Seu valor médio, usado sempre sem muita preocupação, é de 23°27'. Mas graças à nutação, este valor varia cerca de cinco segundos em seu arco, para mais ou para menos. Esta pequena amplitude já nos dá uma boa razão para negligenciar este movimento em nosso dia a dia.

O período da nutação é de 18,6 anos e sua origem está ligada à Lua. O fato de o plano de revolução da Lua ao redor da Terra estar inclinado aproximadamente 5° em relação ao plano da eclíptica faz com que apareçam pequenas forças residuais que originam este movimento pendular.

Outros movimentos

Não é nossa intenção mergulhar de cabeça nos outros movimentos da Terra. Ao mesmo tempo, porém, conhecemos a frustração de alguns amantes da astronomia quando ouvem que nosso planeta possui vários movimentos mas que só quatro deles são mais conhecidos.

Há, por exemplo, o movimento polar, parente próximo da nutação, quase periódico e de amplitude desprezível, originado pelo fato de a Terra não ser um sólido perfeito e de seus hemisférios (Norte e Sul) conterem diferentes quantidades de matéria.

Há um movimento sem nome causado pela rotação do núcleo da Terra, que é diferente da rotação da crosta terrestre. O núcleo do planeta funciona como um "peso" sendo chacoalhado dentro de uma "esfera" oca; isso, é claro, gera um efeito visível na esfera. Na Terra, este movimento é aleatório e quase imperceptível do ponto de vista mecânico (mas não do ponto de vista magnético, pois é isso que dá origem ao movimento dos polos magnéticos).

Há ainda o movimento que a Terra faz ao redor do centro de massa do sistema Terra-Lua. Sim, estamos cometendo um erro quando dizemos que a Lua gira em volta da Terra. Na verdade, tanto o nosso planeta como a Lua giram em torno de um centro de massa comum. Como a massa da Terra é muito maior que a da Lua, este centro de massa fica dentro da Terra, mas não no centro da Terra. Isso provoca um movimento extra em nosso planeta.

Além disso, existem todos os movimentos que o Sol realiza ao redor do centro galáctico e que arrastam a Terra consigo.

Lunação

Obviamente, o termo "lunação" se refere a um movimento da Lua, não da Terra. Mas sua importância na construção do calendário faz com que mereça ser esmiuçado junto aos demais movimentos da Terra.

A Lua realiza tanto rotação (movimento ao redor do próprio eixo) como revolução (movimento em torno da Terra). Por razões que fogem ao objetivo deste livro, ambas têm o mesmo período (um fenômeno chamado de "movimento síncrono",

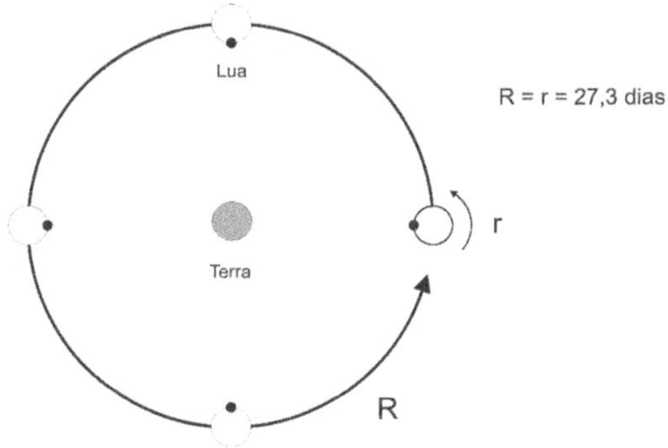

Movimento síncrono da Lua.

que não é exclusivo da nossa Lua e é provocado pela conservação do momento angular).

O movimento síncrono é a razão pela qual só temos acesso a uma face da Lua.

A revolução da Lua ao redor da Terra faz com que, ao longo desse percurso, vejamos nosso satélite de formas distintas. Cada aspecto diferente da Lua é chamado de "fase". Como o movimento da Lua é contínuo, a cada instante sua orientação em relação ao Sol (que a ilumina) muda. Há, portanto, infinitas fases da Lua. Mas apenas quatro têm nome próprio: Lua nova, quarto crescente, Lua cheia e quarto minguante.

Uma revolução lunar (ou um "mês sideral") dura 27 dias e cerca de oito horas. Este é o tempo que a Lua leva para dar uma volta completa em volta da Terra. Mas como em termos visuais é muito mais fácil acompanhar as fases da Lua, é conveniente definir o período entre uma fase e outra, igual e consecutiva (por exemplo, duas luas novas). Este período é chamado de lunação (ou "mês sinódico") e dura aproximadamente 29,5 dias.

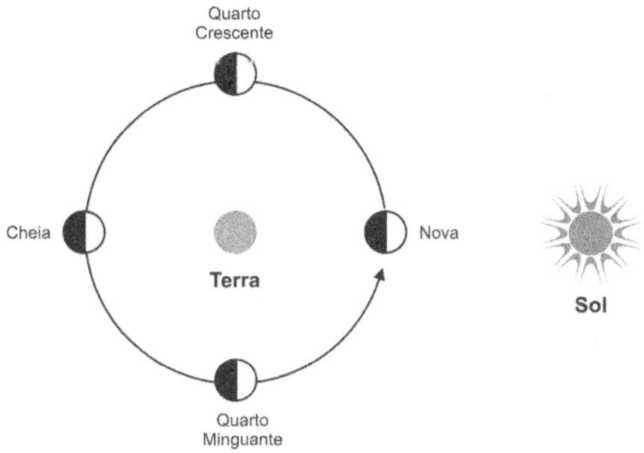

Fases da Lua.

A discrepância entre o mês sideral e o mês sinódico ocorre por conta do movimento de revolução da Terra. Uma vez que a fase da Lua nada mais é do que um ângulo medido entre a Lua e o Sol, com a Terra no vértice, o movimento do nosso planeta há de contribuir para esta medição.

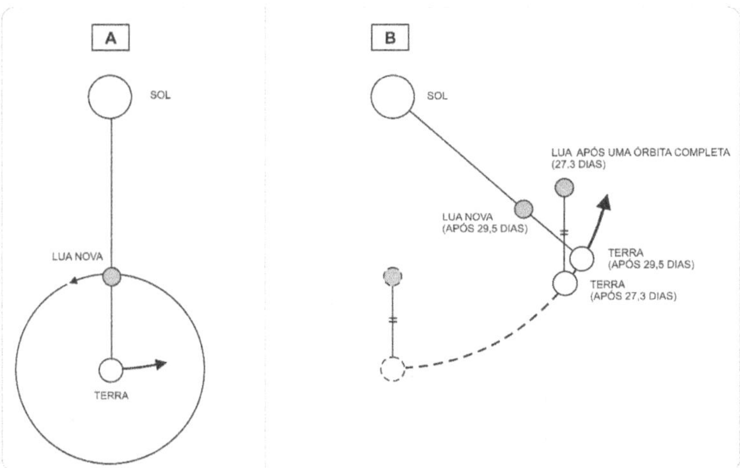

Diferença entre os meses sinódico e sideral.

Se tomarmos uma Lua nova e esperarmos 27,3 dias, a Lua terá completado uma órbita, mas o ângulo entre ela e o Sol não se repetirá, pois o vértice (a Terra) se deslocou. Precisaremos de pouco mais de dois dias para ter novamente uma Lua nova.

E assim terminamos nossa excursão pelos principais movimentos astronômicos que nos são importantes na construção de um calendário.

3

Receita de um calendário

Uma andorinha só não faz verão.

Aristóteles

Tipos de calendário

Um calendário nada mais é do que um conjunto arbitrário de regras que nos ajudam a marcar a passagem do tempo. Não oficialmente, portanto, há tantos calendários possíveis quanto existem pessoas no mundo. Até mais... Em última análise, cada pessoa pode contar o tempo como bem entender, e de quantas maneiras distintas lhe for conveniente.

Este livro, porém, pretende abordar os calendários oficiais. Por mais que gostemos da ideia de falar da "Era de Cherman" ou da "Era de Vieira", isso não nos acrescentaria nada.

Há, basicamente, três tipos de calendários: lunar, solar e lunissolar. Existem, ainda, calendários muito primitivos que não se encaixam em nenhuma destas três definições, assim como aqueles que são elaborados ao extremo e que também fogem destas classificações.

Mas em geral os calendários seguem os desmandos da Lua, ou acompanham o movimento aparente do Sol ou pretendem fazer ambos (sem fazer de fato uma coisa nem outra).

Incomensurabilidade

O grande problema na construção de um sistema de contagem de tempo responde por um nome longo e complicado: incomensurabilidade. Este termo descreve a propriedade que certas grandezas têm de não serem múltiplas entre si (ou seja, não podem ser medidas em uma mesma unidade e, portanto, não podem ser comensuradas).

Os movimentos astronômicos que nos servem de base na criação do calendário são a rotação (que nos dá a unidade de medida de tempo chamada dia), a lunação (mês) e a revolução (ano).

Infelizmente, o tempo que a Terra leva para dar uma volta completa ao redor do Sol (um ano) não possui um número exato de rotações (ou de lunações). Assim como uma lunação não possui um número inteiro de rotações.

Se fôssemos respeitar à risca os movimentos celestes, nosso ano começaria em instantes diferentes a cada nova órbita da Terra. Para efeitos práticos, vamos assumir que um ano tem 365 dias e seis horas. Em 2008, o ano começou a zero hora do dia primeiro de janeiro. O ano só pode terminar 365 dias e seis horas depois. Ou seja, 2009 começaria às 6h do dia primeiro de janeiro. O ano seguinte começaria ao meio-dia, e assim por diante.

Para escapar das garras da incomensurabilidade, precisamos escolher qual ciclo de fato queremos acompanhar e, eventualmente, aplicar a ele algum mecanismo de intercalação.

Calendário primitivo

O Sol realiza dois ciclos distintos, cada um ligado a um movimento da Terra. Há o ciclo diário (nascer, culminação, ocaso), originado pelo movimento de rotação da Terra, e há o ciclo anual, referente à revolução. Muito antes de nossos antepassados reconhecerem o ciclo anual, já se conhecia, o que é óbvio, o ciclo diário.

O mais primitivo dos calendários acompanha apenas o ciclo diário do Sol, numa contagem ininterrupta de dias corridos. Um exemplo clássico é aquela contagem que vemos em filmes cujos personagens são presidiários, cada risco na parede corresponde a um dia de pena cumprida. Este calendário não nos permite prever qualquer fenômeno da natureza.

Alguns calendários primitivos tentavam acompanhar as fases da Lua. Um dos mais conhecidos é formado por uma placa de osso entalhado, encontrada em Abri Blanchard, na França.

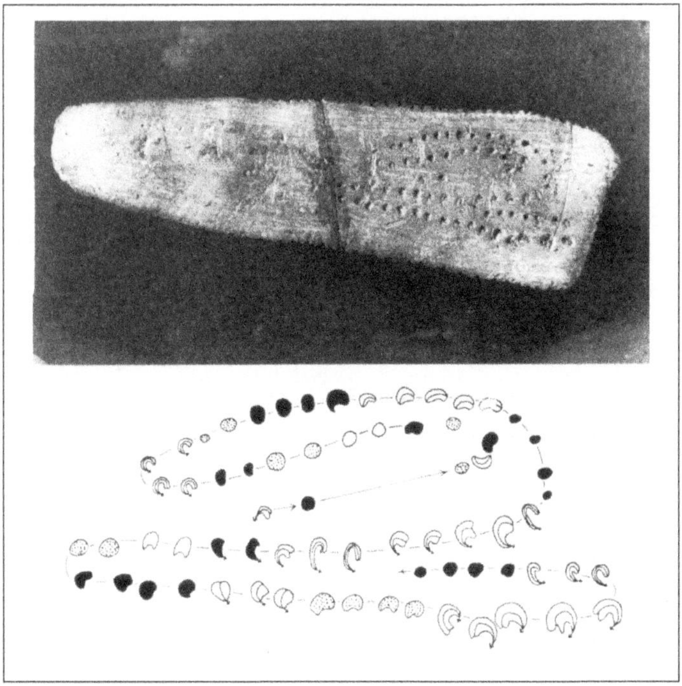

Osso de Abri Blanchard.

Na placa de Abri Blanchard, que tem cerca de 30 mil anos, vemos várias marcas de diferentes formas seguindo um caminho sinuoso. É impossível saber com precisão, depois de tanto tempo, o que aquelas figuras significavam. Poderiam ser meras ilustrações sem sentido. Mas também poderiam ser uma contagem de dias corridos que acompanha as mudanças de fase da Lua.

Calendário lunar

A Lua talvez seja a grande vilã da história do calendário. A facilidade para medir o tempo por meio de suas fases até hoje exerce forte atração sobre os que têm o costume de observar o céu. Infelizmente, do ponto de vista das estações do ano, a Lua não tem poder preditivo algum.

Ainda hoje há quem acredite que a Lua influencie de maneira direta determinados fenômenos terrestres. A única influência comprovada que a Lua exerce é no vaivém das marés.

Isso costuma levar ao argumento simplista de que a Lua interfere no comportamento das pessoas. É claro, pois se a Lua é a responsável pelas marés e o corpo humano tem cerca de 70% de água em sua composição, então é óbvio que a Lua afeta nossos corpos.

A causa das marés é a força da gravidade, que pode ser calculada a partir das massas da Lua e dos oceanos e da distância entre a Lua e a Terra.

Como são massas muito grandes, a força é perceptível; e como um lado do planeta está mais próximo da Lua do que outro, a força é um pouco diferente. Por isso os oceanos se deformam, provocando o ir e vir das marés.

Mesmo uma pessoa muito grande não tem massa comparável à de um oceano. Logo, a influência da Lua sobre os 70% de água em nosso corpo será imperceptível. Assim como não percebemos a influência da Lua em piscinas, caixas d'águas e outros objetos que com certeza contêm mais água que um ser humano.

Infelizmente, a Lua também não interfere no crescimento dos cabelos. Se isso fosse verdade, poderíamos garantir uma coisa: não haveria astrônomos carecas!

Mesmo sem exercer influência direta, a Lua (e suas mudanças de fase) atrai a atenção daqueles que gostam de observar o céu, além de ter sido, para muitos povos, uma escolha legítima de marco temporal.

O calendário islâmico vigente até hoje é tipicamente lunar. Falaremos mais sobre ele na terceira parte do livro.

Um calendário lunar, é claro, segue as fases da Lua. É um sistema de contagem de tempo cujo único compromisso é acompanhar as mudanças da Lua na abóbada celeste. Sua unidade de referência é, portanto, o mês. Um calendário lunar não está preocupado com o ciclo sazonal. Seus meses possuem, de modo alternado, 29 e 30 dias. Começam sempre na neomênia, a Lua nova. Seguindo este padrão, a Lua cheia será sempre na noite do dia 15 de cada mês.

Uma vez libertados do jugo solar, os calendários lunares poderiam ter, em determinado ano, um número arbitrário de meses. Historicamente, o ano lunar é composto por 12 meses lunares, perfazendo um total de 354 dias.

Já sabemos que a revolução terrestre dura cerca de 365 dias. Assim, em relação às estações do ano, um calendário lunar é vago, fica defasado em 11 dias a cada ano. E uma vez que este calendário é *a priori* vago, poderia-se optar por uma quantidade arbitrária de meses. A opção pelo número 12 é curiosa.

O fantástico número 12

Nossa contagem de tempo esbarra várias vezes em múltiplos do número 12. São 12 meses em um ano, 24 horas num dia, 60 minutos em uma hora, 60 segundos num minuto.

As primeiras explicações dadas a esse respeito dizem o seguinte: em um ano, a Lua fica cheia 12 vezes. E, portanto, é natural dividirmos um ano em 12 pedaços (os meses). Isso não é exatamente correto.

A incomensurabilidade, sobre a qual já falamos, nos garante que haverá anos com 12 luas cheias e anos com 13 luas cheias. Portanto, a opção pelo número 12 não passa de uma escolha.

Há quem diga que são 12 as constelações zodiacais e que por isso deveríamos repartir o ano em 12 pedaços. De novo caímos em uma escolha arbitrária, visto que as constelações foram criadas pelo homem e portanto poderiam haver duas, cinco ou 18 constelações zodiacais.

Na verdade, de acordo com os limites atuais das constelações, estabelecidos em 1930 pela União Astronômica Internacional (IAU, na sigla em inglês), o Sol, em seu caminho aparente ao longo do ano, percorre 13 (e não 12!) constelações.

Mais uma vez voltamos à nossa pergunta original: por que 12?

O historiador da matemática Georges Ifrah apresenta uma tese interessante. Ele argumenta que os sumérios (reconhecidamente a primeira civilização a estudar os céus para fins práticos) usavam uma inusitada forma de contar os números por meio dos dedos.

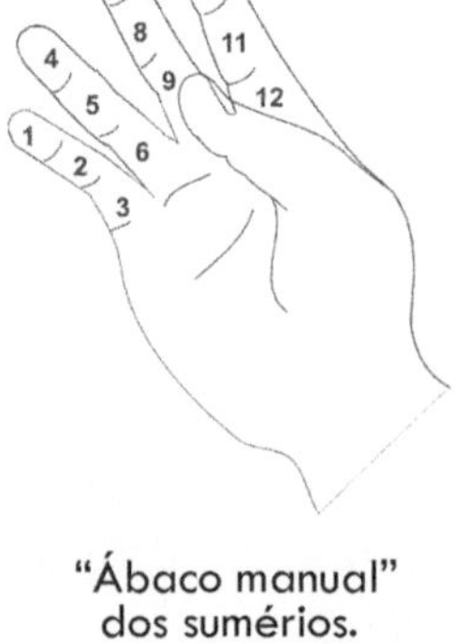

"Ábaco manual" dos sumérios.

As falanges dos dedos da mão direita (com a exceção do polegar, que era usado como "marcador") eram usadas para contar os números de 1 a 12; os dedos da mão esquerda (inclusive o polegar) eram usados para contar as dúzias, inaugurando o que hoje chamamos de aritmética posicional (o valor de um número depende de sua posição e, portanto, 21 é diferente de 12, pois as posições dos números um e dois neste exemplo simples são diferentes).

As mãos dos sumérios formavam um ábaco improvisado, que marcava, sem muito esforço, qualquer número de 1 a 60. Com uma aritmética posicional de base 12, não é por acaso que as divisões arbitrárias que inventaram para a contagem do tempo sejam múltiplas deste número.

Calendário solar

O maior avanço para a civilização em seus primórdios talvez tenha sido o conhecimento do ciclo das estações. Uma vez que as épocas de seca e cheia, frio e calor passaram a ser previstas com certa precisão, as atividades agrícolas tornaram-se mais eficientes, liberando a mão de obra do campo, que logo rumou para as cidades ainda em formação em busca de novas oportunidades.

O ciclo das estações é a base de qualquer calendário solar. Um bom exemplo é o nosso próprio calendário, sobre o qual falaremos em detalhes na próxima parte do livro.

Um calendário solar tem como único compromisso seguir o movimento aparente do Sol na esfera celeste ao longo de um ano. Há duas maneiras básicas de fazer isso: geograficamente ou astronomicamente.

A marcação geográfica é bem mais fácil e pode ser reproduzida em qualquer lugar. Basta perceber que, ao longo de alguns dias, o local onde o Sol nasce ou se põe muda ligeiramente. Ao longo de um ano, para um observador em qualquer latitude, os pontos onde o Sol toca o horizonte (nascente ou poente) se alteram (sendo esta mudança mais acentuada conforme o afastamento em relação ao equador aumenta, tanto para norte como para sul).

Essa diferença na posição aparente do Sol não precisa ser vista de um local afastado, "na natureza". Basta o leitor atento perceber isso em seu dia a dia, uma vez que o Sol em certas épocas do ano entra por uma ou outra janela de sua casa.

Em 2005, escrevemos dois curtos artigos que foram publicados no fôlder da Fundação Planetário da Cidade do Rio de Janeiro (junho e setembro) sugerindo ao leitor que construísse, em sua janela, um calendário solar.

"Para a nossa receita, precisaremos de uma janela que se abra para o horizonte leste (ou o oeste), uma caneta hidrográfica e um astrônomo amador no sentido mais estrito do termo (alguém que faça astronomia por amor). Se estivermos olhando para o horizonte leste (não necessariamente o ponto cardeal leste, mas o lado leste), faremos nosso calendário pela manhã, acompanhando o nascer do Sol. Se olharmos para o oeste, acompanharemos o pôr do sol.

"Escolha um intervalo de tempo curto (três ou quatro dias) e um lugar para a sua observação (esse local deve ser fixo durante toda a experiência). Agora é só observar o nascer do Sol (ou o pôr), respeitando o intervalo escolhido. A partir de seu ponto de observação, você deve marcar no vidro da janela a posição do Sol no horizonte (acompanhada da data da observação). Faça isso ao longo de um ano e você terá um calendário solar em sua janela."

Em lugares de relevo acidentado, pode-se acompanhar o movimento aparente do Sol em relação aos marcos geográficos naturais. Em locais de configuração mais plana, é conveniente a construção de marcos próprios. Talvez o calendário solar mais famoso do mundo seja o conjunto megalítico de Stonehenge, no Sul da Inglaterra. Há vários outros menos conhecidos, como o sítio arqueológico da Praia Mole, em Florianópolis.

Uma outra maneira de acompanhar o movimento aparente do Sol é por meio das constelações. A esfera celeste está dividida de maneira não uniforme em 88 áreas muito bem-delimitadas: as constelações. É natural perceber que algumas delas estarão na mesma direção do Sol.

Stonehenge, famoso monumento megalítico que, entre outras finalidades, permitia que se acompanhasse os ciclos do Sol e da Lua.

Observações cuidadosas do céu permitem saber qual é a constelação que está faltando no céu noturno. Esta será justamente a constelação em que o Sol se encontra. À medida que a Terra realiza sua órbita, o Sol aparentemente se move no céu e vai migrando de uma constelação para outra. Isso é o que basta para perceber a passagem do tempo.

Um bom calendário solar, seja ele originado pela marcação geográfica ou astronômica, tem quatro pontos preferenciais para seu início: os dois equinócios e os dois solstícios. Para a marcação geográfica, talvez os solstícios sejam mais fáceis de ser encontrados, pois é justamente o dia em que o Sol estará com seu afastamento máximo em relação ao equador celeste. Portanto, é quando ele pára seu movimento e começa a revertê-lo.

Se formos acompanhar o movimento do Sol de encontro às constelações de fundo, os equinócios são mais fáceis de ser observados, pois é neste instante que o Sol está sobre o equador celeste; um círculo máximo que, se soubermos a nossa latitude e a orientação dos pontos cardeais, é facilmente identificado no céu.

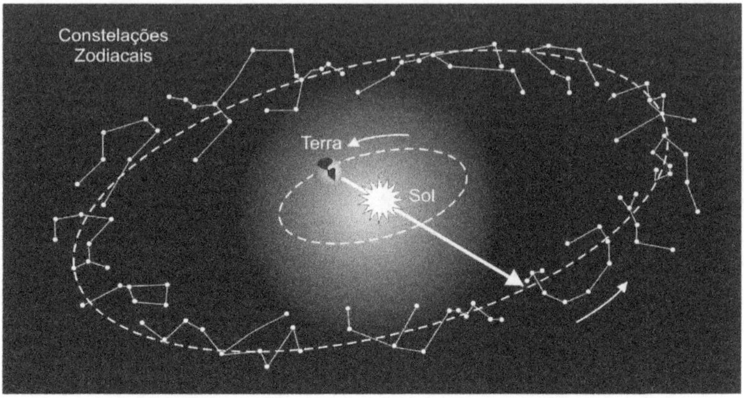

Movimento aparente do Sol na Eclíptica.

Historicamente, os primeiros calendários solares marcavam o início do ano no equinócio vernal, quando se inicia a primavera no hemisfério Norte.

Calendário lunissolar

Há calendários que se dispõem a acompanhar as fases da Lua mas ao mesmo tempo reconhecem a importância do ciclo das estações. São calendários mais complexos que os dois apresentados anteriormente, e por isso mesmo são menos comuns. Um calendário lunissolar usado ainda hoje é o judaico.

Um bom calendário lunissolar nasce como qualquer calendário lunar: da observação das mudanças da Lua. Seus meses têm 29 ou 30 dias, para dar conta do período de lunação (29,5 dias, como já falamos no capítulo anterior). De novo surge o arbitrário número 12, só que desta vez ele não é tão arbitrário assim. Lembre-se: este calendário também pretende acompanhar as estações do ano.

Doze meses lunares de 29,5 dias em média nos dá o ano lunar de 354 dias. Ficam faltando 11 dias para completar um ano solar. Esses 11 dias serão "guardados" e utilizados em um sistema complexo de intercalação que vai criar um mês extra em determinados anos.

Um calendário lunissolar típico alterna, de forma não trivial, anos com 12 e 13 meses. Os meses respeitam sempre o período de lunação e, com este procedimento intercalar, os anos não ficam muito defasados em relação ao ciclo sazonal.

Voltaremos aos detalhes deste complexo sistema quando descrevermos o calendário judaico na terceira parte do livro.

Calendário sideral

Já falamos que *sidus* significa "astro" em latim. Um calendário sideral é aquele que se dispõe a acompanhar algum ciclo celeste que não seja o do Sol nem o da Lua. Ou ao menos que não o façam de maneira consciente.

Os calendários siderais mais comuns acompanham uma estrela, uma constelação ou um asterismo (grupo de estrelas de fácil reconhecimento e que não formam necessariamente uma constelação, como as Três Marias na constelação de Órion). Mas o fazem ao longo de um ano solar. E ainda que de forma involuntária, este tipo de calendário sideral respeita o ciclo do Sol.

Um exemplo típico é o antigo calendário egípcio, que será explicado em detalhes mais adiante. O ano egípcio começava quando a estrela Sirius (por eles chamada de *Serpet*, e de *Sothis* pelos gregos) nascia junto com o Sol. Chamamos este fenômeno celeste de nascer helíaco.

É certo que os egípcios acompanhavam a posição relativa de *Serpet*, num calendário que pode ser classificado de sideral. Mas ao tomarem como início do ano o nascer helíaco desta estrela, respeitavam o ciclo sazonal e o movimento de revolução da Terra.

Um outro calendário tipicamente sideral é aquele que acompanha o movimento do Sol ao redor do centro da nossa galáxia.

Um "ano", sob esta perspectiva, seria o período que o Sol demora para realizar uma revolução em torno do centro da nossa galáxia, a Via Láctea. Este "ano galáctico" tem a duração de 250 milhões de anos. Este calendário tem interesse particular para os astrônomos, sobretudo os que trabalham com dinâmica galáctica, e pouco diz respeito aos objetivos principais deste livro.

Ainda assim, é bom lembrarmos que uma galáxia é um conjunto de centenas de bilhões de estrelas, quase sempre em forma de disco achatado e espiralado, que gira em volta de um núcleo composto por estrelas muito próximas umas das outras.

Por fim, vale lembrar um dos mais complicados tipos de calendário sideral: um que acompanha o movimento aparente de algum objeto do sistema solar (que não o Sol ou a Lua, é claro).

Este tipo de calendário é complicado porque deve levar em conta o movimento relativo entre o astro-base e a Terra, sabendo que ambos realizam movimentos próprios ao redor do Sol.

Os maias acompanhavam atentamente o ciclo do planeta Vênus, e baseado nisso construíram um calendário religioso. Voltaremos a esse calendário na terceira parte do nosso livro.

A galáxia NGC 4414. Acredita-se que a nossa galáxia tenha aspecto similar (foto obtida pelo telescópio espacial Hubble).

PARTE II DURANTE

Fundações

4

Quando em Roma, faça como os romanos.

Autor desconhecido

O calendário

A história do nosso calendário está intimamente ligada à história de Roma. A Cidade Eterna, como também é chamada, tem quase 2.800 anos e foi fundada pelos gêmeos Rômulo e Remo. Estes dois personagens históricos estão envoltos em lendas, a mais famosa delas envolve o nascimento deles.

Rômulo e Remo eram filhos de uma virgem vestal, uma moça de família nobre que deveria dedicar sua vida a guarnecer o fogo sagrado em homenagem à deusa do lar, Vesta. Reia Sílvia era o nome dela, filha de Numitor, regente de Alba. Segundo a lenda, Reia Sílvia engravidou do deus da guerra, Marte. Os gêmeos gerados por ela, provas concretas de seus pecados contra suas responsabilidades de vestal, foram jogados, quando bebês, no rio Tibre.

Ainda de acordo com a lenda, os gêmeos sobreviveram ao rio e foram amamentados por uma loba. Cresceram fortes e saudáveis, criados por Fáustulo e sua esposa, Laurência. Não tardou para a origem real dos garotos se espalhar pela cidade de Alba. Após uma série de intrigas palacianas, os herdeiros do

Segundo a versão mítica, os irmãos Rômulo e Remo foram amamentados por uma loba.

trono de Alba decidiram deixar sua terra natal e fundar uma nova cidade, também às margens do Tibre. A dúvida entre fundar a cidade no topo da colina ou aos pés desta fez com que os gêmeos se desentendessem, culminando na morte de Remo.

Rômulo tornou-se, então, fundador e primeiro rei de Roma.

De volta à história consagrada, independente das lendas, é sabido que Rômulo dedicou sua cidade a Luperco, deus da acolhida. Essa foi uma excelente estratégia, pois ficava subentendido que todos eram bem-vindos em Roma, o que fez a nova cidade crescer com muita rapidez.

Além de dedicar sua cidade a um deus específico, como era comum naqueles tempos, Rômulo teve o cuidado de criar uma moeda e também um dispositivo prático para contar o tempo. A fundação de Roma traz consigo os primeiros esboços do nosso calendário.

A Era Romana

Antes de entrarmos nos detalhes do calendário em si, vale a pena falar sobre o conceito de "era".

Uma "era" é um período de tempo de duração incerta, uma vez que tem um início bem-definido mas não um término, ambos decididos *a posteriori*. O início de uma era é definido por um marco histórico, escolhido de forma arbitrária.

Em nosso calendário moderno, usamos o conceito de Era Cristã, que tem como marco inicial o nascimento de Cristo. Nossos anos são contados a partir desse evento e se dividem em "antes de Cristo" (a.C.) e "depois de Cristo" (d.C.).

A ideia desta contagem veio de um monge grego chamado Dionísio. No século VI d.C., ele propôs que os anos fossem contados a partir do nascimento de Cristo. Para tanto, fez cálculos para saber em que ano Cristo teria nascido, o que era uma tarefa muito difícil. Ao final, sugeriu que se começasse a Era Cristã a partir do ano 754 da fundação de Roma.

Mil e duzentos anos depois de Dionísio realizar tal cálculo, estudiosos descobriram que ele possivelmente havia cometido um erro de quatro anos para menos. O sistema de contagem, porém, não foi alterado.

Ou seja, é provável que Cristo tenha nascido no ano 4 a.C.

Para evitar a frase acima, que parece um tanto esquizofrênica, há uma tendência recente de se trocar as denominações a.C. e d.C. para AEC ("antes da Era Comum") e EC ("Era Comum"). Assim, estaríamos em plena Era Comum, que se iniciou no ano 1, aquele mesmo que Dionísio teria calculado (de maneira equivocada) ser o ano do nascimento de Cristo.

Para o primeiro calendário romano, nada mais natural do que iniciar a contagem dos anos justamente no ano de fundação da cidade, 753 AEC. Portanto, a Era Romana tem seu marco inicial nessa data.

Hoje, os anos da Era Romana em geral são seguidos pela abreviação "AUC", *ab urbis conditae*, que em latim significa "da fundação da cidade". O ano 753 AEC equivale ao ano 1 AUC.

Falaremos sobre outras eras na Parte III deste livro.

O calendário de Rômulo

Rômulo com certeza possuía o conhecimento, se não astronômico, ao menos histórico em relação a outras cidades, para construir um calendário solar ou lunar. Talvez para marcar sua posição inovadora, não optou por qualquer um destes. O ano do primeiro calendário romano tinha 304 dias, divididos em dez meses com durações que variavam entre 16 e 36 dias.

Posteriormente, o número de dias de cada mês foi alterado para que houvesse uma maior conformidade com o ciclo lunar, passando a ter 30 ou 31 dias.

Havia dez meses em um ano, que deveria sempre se iniciar no equinócio da primavera (21 ou 22 de março em nosso calendário atual). Já sabemos que um ciclo solar dura aproximadamente 365 dias. Portanto, era impossível que o ano criado por Rômulo se adequasse a este padrão.

Os cerca de 61 dias que faltavam para completar o ano astronômico não eram ignorados, mas também não eram contabilizados. Isso trazia ao calendário de Rômulo uma situação que não estamos acostumados em nossas vidas: um ano acabava mas o seguinte não começava!

Após o último dia do último mês do ano, seguia-se o período invernal, de cerca de 61 dias e que simplesmente não fazia parte do calendário. É provável que a explicação disso seja porque, depois do final do ano, as baixas temperaturas limitavam as atividades agrícolas e comerciais (razão principal do calendário naquele tempo) ao mínimo, tornando desnecessário o cômputo dos dias. Com a chegada da primavera, um novo ano se iniciava.

O início do novo ano ficava a critério do rei, que em geral seguia alguma observação astronômica para perceber o equinócio. Tal observação não tinha o rigor científico dos dias modernos, por isso o início do ano dependia das vontades do rei.

Por suas deficiências, o calendário de Rômulo teve vida muito curta. Os nomes dos meses talvez tenham sido o único legado deste calendário. Na tabela a seguir, temos os nomes originais dos meses do calendário de Rômulo, assim como a duração de cada um.

1º *Martius* (31 dias)	6º *Sextilis* (30 dias)
2º *Aprilis* (30 dias)	7º *September* (30 dias)
3º *Maius* (31 dias)	8º *October* (31 dias)
4º *Junius* (30 dias)	9º *November* (30 dias)
5º *Quintilis* (31 dias)	10º *December* (30 dias)

O primeiro mês do calendário de Rômulo era *Martius*, uma homenagem ao deus Marte (supostamente pai de Rômulo e Remo); em seguida vinha *Aprilis*, corruptela de *aperire* que significa "abrir". É nesta época do ano que as flores se abrem. O terceiro mês era *Maius*, dedicado à divindade Maia, seguido por *Junius*, dedicado à deusa Juno. Em relação a esses dois meses, há quem acredite que os nomes *Maius* e *Junius* derivem das classes dos anciãos (*majus*) e dos jovens (*junius*). Os outros seis meses tinham nomes pouco inventivos, que indicavam apenas o número de ordem do mês no ano.

O calendário de Numa Pompílio

O segundo rei de Roma, sucessor de Rômulo, foi Numa Pompílio (715 AEC – 673 AEC). No que se refere ao calendário, a maior contribuição de Numa Pompílio foi alongar o ano, criando dois meses a mais, de modo que o período invernal passasse a ser contabilizado.

Por decreto real, foram introduzidos os meses de *Januarius*, em homenagem a Jano, deus com duas caras, e *Februarius*, em homenagem a Februs, deus das purificações. Ao serem criados, *Februarius* era o 11º mês do ano e *Januarius*, o último (por isso mesmo um mês dedicado a Jano, deus que guardava os portões do Olimpo e podia ver duas direções simultaneamente — no caso do calendário, o passado e o futuro).

Além disso, os romanos daquela época eram supersticiosos ao extremo e consideravam os números pares fatídicos. Assim, aboliram os meses de 30 dias, que passaram a ter 31 ou 29 dias.

Os meses de *Martius*, *Maius*, *Quintilis* e *October* permaneceram com 31 dias; *Aprilis*, *Junius*, *Sextilis*, *September*, *November* e *December* passaram a ter 29 dias apenas. *Januarius*, então recém-criado, tinha 29 dias. Mas 12 meses, cada um com um número ímpar de dias, resultaria num número par de dias em um ano. Isso não era um bom augúrio... Para escapar deste suposto problema, optou-se por ter um mês (apenas um!) com um número par de dias para que o ano ficasse com um número ímpar de dias. O mês escolhido foi *Februarius*, que talvez por ser dedicado à purificação, fosse o menos sujeito à má sorte.

Assim, o ano do calendário de Numa Pompílio tinha um total de 355 dias, ou seja, muito mais próximo do ano lunar (354,37 dias) do que do ano trópico (365,2422 dias). Ainda assim, não estava em compasso com as fases da Lua. É muito provável que houvesse algum mecanismo de ajuste, como a supressão periódica de um dia do ano. Esse calendário, como qualquer calendário lunar, não era útil aos agricultores.

O calendário original de Numa Pompílio foi logo substituído por um calendário que, por falta de um termo melhor, nós (autores deste livro) chamamos de "falso lunissolar". Lunissolar porque é construído baseado no ano lunar (12 lunações) e possui um mecanismo de intercalação para se manter em compasso com as estações do ano. Mas é "falso" na medida em que seus meses não tinham a duração de uma lunação (alguns chegavam a ter 31 dias), isto é, eram "meses não lunares".

Como o ano criado por Numa Pompílio tinha 355 dias, ainda havia, portanto, uma diferença de pouco mais de dez dias para o calendário solar. Para corrigir isso, era acrescentado, periodicamente, no final do ano, um mês denominado intercalar. Este mês era chamado de *Mercedonius* (segundo alguns deriva de *merces* – renda ou salário – porque nessa época os trabalhadores recebiam seus salários anuais).

A periodicidade obedecia a um ciclo de 24 anos, que recebia o nome de pompiliano e era subdividido em períodos de quatro anos. Os anos que tinham numeração ímpar tinham 12 meses, totalizando 355 dias; os restantes tinham 13 meses (com o intercalar podendo ter 22 ou 23 dias).

Mercedonius tinha 22 dias quando se intercalava nos 2º, 6º, 10º, 18º, 20º e 22º anos do ciclo pompiliano, e 23 dias nos 4º, 8º, 12º, 16º e 24º anos do ciclo. Curiosamente, este mês intercalar era inserido no meio de um outro mês: *Februarius*. Depois de "23 de *Februarius*", contava-se 1, 2, 3... 22 (ou 23) *Mercedonius* e retornava-se para o 24º dia de *Februarius*.

Assim sendo, a duração de *Februarius* variava muito. Tinha 28 dias nos anos ordinários, e 50 ou 51 dias nos anos com intercalação! (Na verdade, 50 ou 51 dias equivale à soma de *Februarius* e *Mercedonius*...)

Resumindo: o ano de Numa Pompílio tinha, como base, 12 meses, com um total de 355 dias. Quando havia a intercalação, o ano tinha, de maneira alternada, 377 ou 378 dias. Ou seja, num período de quatro anos, tínhamos: 355, 377, 355 e 378 dias, o que resulta em uma duração média de 366,25 dias por ano.

Mas não era só isso. Os "anos longos" nos dois últimos períodos de quatro anos do ciclo de 24 anos tinham, respectivamente, 371 e 372 dias, em vez de 377 e 378. Isso eliminava 24 dias em 24 anos, o que dá um dia por ano. Assim, no ciclo pompiliano de 24 anos, a duração média de um ano era de 365,25 dias.

Complicado, mas muito eficiente!

Na tabela a seguir, vemos um resumo mais objetivo da quantidade de dias de cada mês em um ano pompiliano.

MÊS	POSIÇÃO DENTRO DE UM PERÍODO DE QUATRO ANOS			
	1º ano	2º ano	3º ano	4º ano
Martius	31	31	31	31
Aprilis	29	29	29	29
Maius	31	31	31	31
Junius	29	29	29	29
Quintilis	31	31	31	31
Sextilis	29	29	29	29
September	29	29	29	29
October	31	31	31	31
November	29	29	29	29
December	29	29	29	29
Februarius	28	23	28	24
Mercedonius	---	22	---	23
Resto de Februarius	---	05	---	04
Januarius	29	29	29	29
Total de dias	355	377*	355	378*

* Nos dois últimos quadriênios de um período de 24 anos, *Mercedonius* tinha seis dias a menos (16 ou 17).

A política entra em cena

Posteriormente, em 452 AEC, os pontífices, encarregados não só de promulgar leis, mas de administrar o calendário, promoveram três modificações no calendário de Numa Pompílio.

Primeiro alteraram a modificação em *Mercedonius* nos dois últimos quadriênios do ciclo pompiliano de 24 anos. Em vez de quatro *Mercedonius* (um com 22 dias, um com 23 dias, um com 16 e um com 17 dias), estes dois últimos quadriênios eram acrescidos de apenas três *Mercedonius* (um com 22 dias e dois com 23 dias). Isso fez com que fossem subtraídos 22 dias em um período de 24 anos.

A conta parece complicada, mas não é. Cada período de quatro anos tem um total de 1.465 dias (dois anos de 355 dias, um de 377 e outro de 378); assim, seis períodos de quatro anos (um ciclo pompiliano) deveriam ter 8.790 dias. Descontando-se os 22 dias que deveriam ser subtraídos (um *Mercedonius* ausente), ficam 8.768 dias em 24 anos, isto é, 365,33 dias por ano.

É curioso notar que, apesar de o processo ter se complicado, a concordância com o ano astronômico piorou.

Os pontífices ainda alteraram a ordem dos meses. Inverteram a posição de *Januarius* com *Februarius.* Ou seja, o ano começava em *Martius* e terminava em *Februarius* (com *Januarius* sendo o 11º mês).

O leitor atento vai perceber que o calendário era bem menos respeitado em tempos passados do que nos dias de hoje! Por exemplo, esta mudança na ordem dos meses fez com que *Januarius*, um mês criado para ser a fronteira entre o ano que terminava e o que começava, perdesse (momentaneamente, como veremos) seu significado original.

Martius permaneceu como primeiro mês do ano. Era nesta época que os novos cônsules assumiam seus cargos. Este também era o período em que se iniciavam as campanhas bélicas (sob a proteção do deus Marte, que nomeava aquele mês).

Em 153 AEC, o Senado romano promoveu uma nova alteração duradoura no calendário. (E aqui é importante frisar: o calendário romano, antes da ascensão de Júlio César, era constantemente alterado ao bel-prazer dos governantes de plantão. Portanto, só relatamos as modificações mais significativas.)

Naquele ano, o Senado alterou a data em que os cônsules passaram a assumir o poder para 1º de janeiro, tornando esta data o início do ano. O motivo dessa modificação foi a necessidade de antecipar a investidura de Quintus Fulvius Nobilior, nomeado cônsul para o ano seguinte. Essa antecipação foi necessária porque havia uma grande revolta na Espanha e ele precisava partir para a guerra com urgência.

A duração dos meses no calendário de Numa Pompílio após tais mudanças está detalhada na tabela a seguir.

MÊS	POSIÇÃO DENTRO DE UM PERÍODO DE QUATRO ANOS			
	1º ano	2º ano	3º ano	4º ano
Januarius	29	29	29	29
Februarius	28	23	28	24
Mercedonius	---	22	---	23
Resto de Februarius	---	05	---	04
Martius	31	31	31	31
Aprilis	29	29	29	29
Maius	31	31	31	31
Junius	29	29	29	29
Quintilis	31	31	31	31
Sextilis	29	29	29	29
September	29	29	29	29
October	31	31	31	31
November	29	29	29	29
December	29	29	29	29
Total de dias	355	377	355	378

Nos dois últimos períodos de quatro anos do ciclo de 24 anos, em vez de quatro meses *Mercedonius*, intercalavam-se apenas três.

Com o passar do tempo, os responsáveis pela observância das regras de intercalação adiavam ou antecipavam a introdução do mês *Mercedonius* segundo seus interesses. Desse modo, acabaram perdendo o controle sobre o calendário e em pouco tempo o caos havia se formado.

Calendas, nonas e idos

Se o fato de o calendário romano não estar em pleno acordo com o ciclo sazonal já nos traz problemas, a própria maneira como os romanos contavam os dias num determinado mês pode ser um complicador adicional para nossas mentes modernas.

De forma distinta das nossas contagens numéricas (o mês começa no dia 1º, sendo seguido pelo dia 2, depois pelo 3 e assim por diante), os romanos dividiram os meses em três períodos específicos e faziam as contagens dos dias em relação ao início de cada um destes períodos.

A primeira parte de um mês chamava-se "calendas". (Não por acaso, o dispositivo de contagem de tempo acabou ganhando o nome popular de "calendário", ou seja, uma coleção de calendas.) Das três seções que compunham o mês romano, esta era a mais longa. Originalmente, ela começava no dia seguinte à Lua cheia e se estendia até depois da Lua nova.

A Lua nova, por sua vez, marcava o início de um novo mês, e o dia em que ela ocorria era chamado de "dia de calendas". Parece confuso, uma vez que o "dia de calendas" é o primeiro dia de um mês mas na verdade anunciava o último dia do período de calendas do mês anterior!

(Talvez esta seja uma boa hora para citar o gaulês Obelix, parceiro do baixinho Asterix, imortal criação dos artistas franceses Goscinny e Uderzo: "Esses romanos são uns loucos!" Mas vamos guardar isto para mais tarde porque, infelizmente, as coisas tendem a se complicar...)

Quando a neomênia era avistada (primeiro filete de Lua crescente, logo após a Lua nova), começava a segunda parte do mês: as nonas. (Na verdade, as nonas eram a primeira parte do mês, pois as calendas se referiam ao mês anterior!) O nome é autoexplicativo, refere-se ao nono dia do mês.

Assim como nas calendas, o "dia de nonas" não representava o início deste período.

O "dia de nonas" corresponde ao quarto crescente da Lua; ao avistar a neomênia no céu, o pontífice fazia alguns cálculos para tentar prever quantos dias faltavam para o quarto crescente. Se o sacerdote, por exemplo, acreditasse que após a neomênia ainda haveria seis dias até o quarto crescente, o dia inicial das nonas passava a ser chamado de "sexto dia antes do dia de nonas" (daquele determinado mês). Em bom latim e tomando o exemplo de *Martius*, esse dia seria *VI antediem nonus Martii.* (O dia seguinte seria *V antediem nonus Martii*, e assim sucessivamente!)

Sim, é isso mesmo. Os romanos usavam uma contagem regressiva para registrar os meses. Definitivamente, "esse romanos são uns loucos!".

A última seção que compunha um mês era chamada de idos. O "dia de idos" correspondia ao dia da Lua cheia (que era quando começavam as calendas, respeitando o método da contagem regressiva).

Vamos a outros exemplos: 16 de janeiro era *XVI antediem kalendas Februarii* (16 dias antes das calendas de fevereiro); 10 de março era *VI antediem idus Martii* (seis dias antes dos idos de março); 13 de junho era *Idibus Iuniis* (dia de idos de junho); e 3 de outubro era *V antediem nonas Octobres* (cinco dias antes das nonas de outubro). O primeiro dia do mês era simplesmente *kalendae.*

Em resumo: o mês começava no "dia de calendas", Lua nova. Os dias seguintes eram chamados de "dias antes de nonos", sendo o "dia de nonos" o dia do quarto crescente. Após o "dia de nonos", os dias passavam a ser chamados de "dias antes de idos", e culminavam no "dia de idos", a Lua fica cheia. Depois da Lua cheia vinham os "dias antes das calendas", que fechavam o mês corrente e davam início a um novo mês em um novo "dia de calendas", novamente Lua nova.

Esta correlação direta com as fases da Lua se perdeu ao longo do tempo, pois este calendário não era lunar.

Um jeito de fato complicado de contar o tempo!

5

O calendário juliano

ADIVINHO: César!
...
CÉSAR: Quem dentre a multidão disse meu nome? Ouvi uma voz, mais alta que a música, bradar por César. Fala; César se acha disposto para ouvir-te.
ADIVINHO: Tem cuidado com os idos de março!

WILLIAM SHAKESPEARE, *Júlio César*, ato I, cena II

Alea Jacta Est

Caio Júlio César nasceu por volta do ano 100 AEC. Sua família não poderia ser classificada como uma das mais influentes de Roma, apesar de seu pai, também Caio Júlio César, ter sido governador da Ásia (região romana que hoje abrange partes da Grécia e da Turquia). Aos 16 anos, ficou órfão de pai e assumiu o posto de chefe de sua família.

Logo tornou-se um sacerdote de Júpiter. Pouco depois, foi involuntariamente tragado pela guerra civil entre os *Optimates* e os *Populares*. Com a vitória do general Sulla (líder dos *Optimates*) sobre Caio Mário (marido de sua tia e líder dos *Populares*) na batalha de Porta Collina, Júlio César, com apenas 19 anos, teve seu sacerdócio revogado e todos os seus bens confiscados. Buscando o exílio, o jovem César se alistou no exército.

Júlio César teve uma carreira militar brilhante e seus feitos são narrados em detalhes por Suetônio, historiador romano que viveu na segunda metade do século I da Era Comum e escreveu o clássico *De Vitae Caesarum*, também conhecido como "Os 12 Césares". Antes dos 40 anos, Júlio César, já um famoso herói de guerra, foi eleito Sumo Pontífice (*Pontifex Maximus*). No ano seguinte, foi nomeado Pretor e ganhou o comando de um exército. Depois, foi declarado governador da Ibéria e lá, aclamado por seus seguidores como comandante (*Imperator*), unificou várias facções militares.

César preferiu ignorar os louros de suas vitórias militares e, de volta a Roma, envolveu-se na política, concorrendo à posição de cônsul. Aos 41 anos, Júlio César foi eleito cônsul, dando origem ao Primeiro Triunvirato (um triunvirato informal, pois era formado por César e dois de seus financiadores de campanha, Crasso e Pompeu).

Seu mandato durou cinco anos (normalmente duraria apenas um). Nesse período, César comandou a tomada militar da Gália Transalpina (Sul da França). Após o fim de seu consulado, César se empenhou em alargar as fronteiras de Roma e, comandando um total de quatro legiões, conquistou toda a Gália e pacificou a Bretanha. Enquanto isso, Crasso foi morto em uma batalha e Pompeu, único membro do Triunvirato que permanecia em Roma, foi nomeado, em regime de emergência, comandante único pelo Senado. A aliança entre Pompeu e César, sedimentada pelo casamento do primeiro com Júlia, filha do segundo, estava abalada desde a morte de Júlia no decorrer de um parto complicado.

Pompeu se aproveitou de seus novos poderes republicanos e ordenou que César retornasse a Roma. O general pressentiu a manobra política e decidiu fazê-lo acompanhado de seu exército. Ao cruzar o Rubicão, rio que definia a fronteira da Gália Cisalpina e a metrópole romana, liderando uma legião de soldados, César detonou uma guerra civil.

Pompeu, apesar do poder político, não foi páreo para Júlio César, que tinha ótimo trânsito no Senado e a admiração das tropas. Foram várias batalhas e a guerra se estendeu até o Egito (onde Pompeu foi assassinado e César conquistou sua amante mais famosa: Cleópatra). Durante a guerra, seu braço direito foi o general Marco Antônio, mas logo que a vitória foi assegurada, Júlio César fez questão de deixar por escrito que apontava seu sobrinho-neto, Caio Otávio, como seu sucessor.

César retornou triunfante a Roma e tornou-se ditador (cargo político legítimo no cenário romano) com poderes absolutos. Nomeou cônsules sem eleições diretas e sem ao menos consultar o Senado, o que provocou inimizades profundas. Menos de um ano depois de seu retorno, no dia de idos do mês de *Martius* do ano de 44 AEC, César foi assassinado em pleno Senado romano.

Sua morte deixou um vazio no poder e uma nova guerra civil foi travada, com as duas principais facções sendo comandadas por Marco Antônio e Caio Otávio.

Um trem descarrilado

A trajetória de César para a nossa história do calendário é importante para melhor apreciarmos a grandiosidade que é uma reforma no calendário. Quanto mais antiga é a sociedade e mais acostumada ela está a determinada forma de contagem do tempo, mais resistente todos se mostrarão frente a uma eventual mudança. Assim, é fundamental que qualquer tipo de reforma seja encabeçada por uma figura de poder.

Antes de se tornar ditador, César já havia sido nomeado Sumo Pontífice, e entre as atribuições deste cargo estava o controle sobre o calendário. Era ele, por exemplo, o responsável por decidir quando deveria intercalar *Mercedonius*.

Mas vimos que a precisão do calendário pompiliano deixava a desejar. Em um ciclo pompiliano, supondo-se que as inserções de *Mercedonius* fossem respeitadas segundo a regra, um ano tinha a duração de 365,33 dias, ou 365 dias e oito horas. O ano trópico, ou ano solar, que rege o ciclo das estações, tem a duração de 365,24219 dias, ou 365 dias, 5 horas, 48 minutos e 45,2 segundos. Esta pequena diferença de pouco mais de duas horas parece insignificante, mas, por ser cumulativa, é muito importante.

A cada ano, o calendário pompiliano se atrasava cerca de duas horas em relação ao calendário astronômico. O ano real era mais curto que o ano civil. (E isso sem levar em conta as arbitrariedades promovidas pelos magistrados romanos, que às vezes usavam *Mercedonius* a favor de suas legislaturas.) Duas horas por ano significa dizer que a cada 12 anos o calendário pompiliano se defasava um dia em relação ao movimento celeste.

Mais de 600 anos separam a criação do calendário pompiliano da ascensão de Júlio César ao poder em Roma. Ou seja, quando Júlio César assumiu o pontificado e tomou para si a missão de controlar a contagem do tempo, o calendário romano já estava defasado em mais de 50 dias em comparação ao ciclo das estações.

Traduzindo isso para os dias modernos, seria como se o nosso inverno não começasse mais no fim de junho, mas em meados de abril.

Um calendário fora de compasso pode ser comparado a um trem descarrilado. Seu conserto deve ser feito em duas etapas: primeiro coloca-se o trem de novo nos trilhos, depois, conserta-se os trilhos para não haver outro descarrilamento.

Júlio César precisava, em primeiro lugar, colocar novamente o calendário em acordo com os ciclos das estações. Em seguida, era necessário criar um dispositivo prático para que o calendário consertado não voltasse a ficar defasado em relação aos ciclos da natureza. Para tanto, contou com o auxílio do astrônomo alexandrino Sosígenes.

O calendário egípcio

A civilização egípcia abrange alguns milênios de história e, por isso mesmo, conviveu com vários calendários. Trataremos agora de um calendário em especial, que trouxe contribuições importantes para o nosso calendário atual.

As inundações periódicas do Nilo obrigaram os egípcios a considerar o ano como sendo dividido em três estações de quatro meses cada uma: a das inundações, a das semeaduras e a das colheitas.

Esta divisão lhes impunha a contagem rigorosa do tempo. Renunciando ao seu antigo calendário lunar, apoderaram-se do calendário dos caldeus e adotaram um ano de 12 meses, com 30 dias cada.

Como diferia em 5,25 dias do ano trópico, se o início de uma estação ocorria em certo dia num ano, no ano seguinte

Os egípcios antigos tinham um calendário bastante elaborado; isso permitiu que eles soubessem com precisão as épocas das cheias no Nilo.

o começo se dava 5,25 dias mais tarde. No fim de seis anos, o atraso era de mais de um mês (6 x 5,25 = 31,5), e no fim de 24 anos, de uma estação inteira (24 x 5,25 = 126).

Mais tarde, a este ano de 360 dias seguiam-se cinco dias complementares, ou epagômenos, o que fazia o ano ficar com 365 dias. Mas, diferindo do ano trópico em cerca de seis horas para menos (ou um dia em cada período de quatro anos), os anos ainda eram vagos, isto é, estavam em desacordo, embora em menor grau, com as datas e as estações.

O calendário civil só iria corresponder às estações do ano após 1.460 anos (365 x 4).

Quando isso ocorria, celebravam-se festas grandiosas, pois este fato era considerado uma dádiva dos deuses. A Fênix, ave mitológica que alçava voo ao nascer, para só voltar ao templo de Heliópolis (o Sol) após 1.460 anos, a fim de morrer e em seguida renascer das próprias cinzas, foi o emblema desses acontecimentos.

Ao período de 1.460 anos vagos deu-se a designação de sotíaco, do nome Sothis, que conhecemos como Sirius, a brilhante estrela do Cão Maior. Quando ocorria o nascer helíaco desta estrela, para os egípcios era o anúncio da cheia do Nilo e, por conseguinte, do início do ano.

Posteriormente, o ano passou a começar sempre com o nascer helíaco de Sirius, e o calendário egípcio deixou de ser vago.

O ano da confusão

Em sua campanha pelo Egito, na ocasião da morte de Pompeu, César tomou conhecimento do calendário egípcio e tornou-se seu admirador.

Muito antes disso, ainda como Sumo Pontífice, ele já havia detectado a necessidade premente de reformar o calendário romano. Faltava-lhe apenas o conhecimento dos ciclos da natureza e o poder para fazer a mudança.

Ao tornar-se ditador, resolveu afinal consertar o calendário romano e, com o auxílio do astrônomo Sosígenes, criou o que hoje conhecemos como calendário juliano.

A primeira etapa, como qualquer reforma de calendário, consiste em colocar o trem de volta aos trilhos. Era necessário que as estações do ano voltassem a ocorrer nas datas de costume. Esta é a etapa que mais atinge a vida das pessoas. Portanto, é também a mais dolorida.

O ano anterior à introdução do calendário juliano (provavelmente 46 AEC) é conhecido como "ano da confusão", pois foram feitas várias modificações nesse ano para preparar o calendário para a reforma; houve 15 meses, com um total de 445 dias!

Os meses, e suas respectivas durações, do ano da confusão estão discriminados na tabela abaixo.

Mês	Duração (dias)
1º *Januarius*	29
2º *Februarius*	23
3º *Mercedonius*	23
Resto de *Februarius*	5
4º *Martius*	31
5º *Aprilis*	29
6º *Maius*	31
7º *Junius*	29
8º *Quintilis*	31
9º *Sextilis*	29
10º *September*	29
11º *October*	31
12º *November*	29
13º *Intercalaris I*	34
14º *Intercalaris II*	33
15º *December*	29

Uma vez com o trem de volta aos trilhos, ou seja, com as estações do ano acontecendo em suas datas esperadas, Júlio César precisava criar um dispositivo para impedir que o ano ficasse de novo defasado no futuro.

Ele deslocou as *calendas januaris* (1º de janeiro) de modo a coincidir, no ano em que entrasse em vigor o novo calendário, com a primeira Lua nova depois do solstício de inverno, que naquela época se dava em *VIII antediem calendas januarii* (25 de dezembro em nosso calendário). Com tal medida Júlio César atendeu a antigas crenças dos calendários solar e lunar. Isso foi, sobretudo, uma mudança estética, não tendo efeito prático no calendário.

Para evitar que o ano do novo calendário ficasse defasado em relação ao ano trópico, Júlio César criou a seguinte regra de intercalação: o ano teria 365 dias, sendo que de quatro em quatro anos haveria um dia excedente.

Este dia extra, diferentemente do que fazemos hoje, não era um dia novo (como o nosso dia 29 de fevereiro). Era um dia repetido em *Februarius* (algo como se hoje criássemos um segundo dia 28 de fevereiro). Este dia repetido entrava no meio de *Februarius,* exatamente onde antes entrava o mês de *Mercedonius.* Assim, o dia 23 de *Februarius* (*VI antediem calendas martii*) era repetido a cada quatro anos, havendo, portanto, o *bis VI antediem calendas martii.* Por isso, desde então, estes anos são chamados de bissextos (*bis sextum*).

Após essas alterações, *Februarius* passou a ter 29 dias nos anos comuns e 30, nos bissextos.

O calendário juliano pós-Júlio César

Após o assassinato de Júlio César em 44 AEC, seu braço direito, Marco Antônio, aliou-se a Caio Otávio e ao nobre romano

Marco Emílio Lépido para barrar o golpe do Senado e formar o que ficou conhecido como Segundo Triunvirato.

Por iniciativa de Marco Antônio, o mês de *Quintilis* teve seu nome alterado para *Julius*.

Intrigas de ambos os lados logo colocaram Marco Antônio e Otávio em campos opostos. Enquanto Lépido se contentou em governar a Espanha, os dois "herdeiros" de Júlio César tentavam se firmar como líderes únicos e legítimos. Otávio tinha uma vantagem: um testamento de César nomeando-o seu filho.

A guerra civil mais uma vez tomou conta de Roma e partidários de Marco Antônio e Otávio se enfrentaram diversas vezes. As forças de Marco Antônio afinal foram derrotadas na batalha de Ácio, nos mares gregos. Marco Antônio acabou se refugiando no Egito, onde se suicidou.

Otávio tornou-se o único senhor de Roma. Num primeiro momento, não tomou o poder para si. Já rebatizado de Otávio Júlio César em homenagem a seu benfeitor, restabeleceu o Senado romano. Para marcar este novo comportamento do violento general que havia ganho uma guerra civil fratricida, o Senado o nomeou *Augustus*, um nome derivado de *augere*, que em latim significa "crescer".

Caio Otávio (depois Augustus) foi o primeiro imperador romano e durante seu governo delineou a então nova organização social e política de Roma.

Otávio Augusto havia povoado o Senado com seus partidários. Além disso, tinha o amor e a admiração do povo, assim como a lealdade das legiões romanas. Não havia por que se preocupar com títulos e ele sequer concorreu à vaga de cônsul nas eleições subsequentes. Com a morte de Lépido, porém, Augusto tomou para si o cargo de Sumo Pontífice.

Augusto nunca se declarou rei ou imperador, e durante todo o tempo em que esteve no poder, manteve o Senado em funcionamento e a aparência de que ele era apenas um representante do povo junto aos senadores. Mas, de fato, as decisões em Roma eram todas suas, e de mais ninguém.

Entre as suas atribuições como Sumo Pontífice, estava zelar pelo calendário. Augusto notou que durante os anos de guerra civil, os pontífices encarregados de regular o calendário e acompanhar as observâncias das leis erraram nas interpretações das regras do calendário e estavam tornando bissextos os anos em intervalos de três anos, em vez de quatro. Com isso, dos primeiros 37 anos, 12 foram considerados bissextos: 42, 39, 36, 33, 30, 27, 24, 21, 18, 15, 12 e 9 AEC, quando deveriam ser nove: 41, 37, 33, 29, 25, 21, 17, 13 e 9, o que gerou uma diferença de três dias.

Usando seu domínio sobre o povo, Augusto decretou que não se fizessem bissextos os três anos seguintes que deveriam sê-los, ou seja, 5 e 1 AEC, assim como 4 EC.

Graças ao ajuste do calendário, Augusto foi homenageado, ainda em vida, e seu nome substituiu *Sextilis*, mês em que nasceu. O novo mês de *Augustus* teve sua duração aumentada para 31 dias, o mesmo número de *Julius*, visto que o Senado romano julgou que ambos deveriam ter a mesma relevância no calendário. Com o aumento no número de dias de *Augustus*, o mês de *Februarius* passou a ter 28 dias (ou 29 em anos bissextos).

(Alguns raros autores entendem que *Sextilis* já tinha 31 dias e que não houve necessidade de equipará-lo a *Julius*. Mesmo sabendo que o calendário era bastante sujeito a interferências, algumas delas não muito bem-documentadas, não encontramos em nossa pesquisa elementos para considerar esta explicação provável.)

A tabela a seguir traz os meses e suas durações no calendário de Júlio César antes e depois da contribuição de Augusto.

CALENDÁRIO JULIANO/DIAS	CALENDÁRIO JULIANO DEPOIS DE *AUGUSTUS*/DIAS
1º *Januarius* 31	1º *Januarius* 31
2º *Februarius* 29 ou 30	2º *Februarius* 28 ou 29
3º *Martius* 31	3º *Martius* 31
4º *Aprilis* 30	4º *Aprilis* 30
5º *Maius* 31	5º *Maius* 31
6º *Junius* 30	6º *Junius* 30
7º *Quintilis* 31	7º *Julius* 31
8º *Sextilis* 30	8º *Augustus* 31
9º *September* 30	9º *September* 30
10º *October* 31	10º *October* 31
11º *November* 30	11º *November* 30
12º *December* 31	12º *December* 31

Não é difícil perceber que o calendário juliano pós-Augusto é praticamente o nosso calendário atual.

6

O calendário gregoriano

Ninguém entre os homens poderá desrespeitar esta página, nossa prescrição, mandato, estabelecimento, vontade, aprovação, proibição, supressão, abolição, exortação e demanda, nem esboçar oposição irresponsável. Mas se você desafiar isto, Deus Todo-Poderoso ficará indignado e você contrariará Seus apóstolos Pedro e Paulo.

GREGÓRIO XIII, *Inter Gravissimas*, parágrafo 17.

Imprecisões

De todos os calendários romanos que vimos, o calendário juliano pós-Augusto é sem sombra de dúvidas o mais simples. Seu dispositivo de intercalação se resumia a acrescentar um dia extra a cada quatro anos. Havia três anos consecutivos com 365 dias e um quarto com 366; depois disso, o ciclo se repetia.

A duração média de um ano juliano era, então, de 365,25 dias, ou 365 dias e 6 horas. Mas o ano trópico tem 365 dias, 5 horas, 48 minutos e 45,2 segundos. Portanto, o ano juliano ainda não era de todo preciso.

O leitor há de concordar que a diferença de meros 11 minutos e 14,8 segundos parece ser insignificante. Mas devemos lembrar que um calendário é algo feito para durar, um sistema de contagem de tempo que em tese se estenderá por séculos.

Assim, esta pequena defasagem, sendo cumulativa, cedo ou tarde teria de ser resolvida.

Para que entendamos bem a ordem de grandeza com a qual estamos lidando, estes quase 12 minutos de diferença se somariam para formar um dia a cada 128 anos! Logo, em 128 anos, o calendário juliano se atrasaria um dia em relação aos eventos astronômicos.

Ou, parafraseando uma expressão bastante comum nos meios econômicos, uma pequena defasagem no calendário é como uma pequena gravidez...

Uma nova correção seria necessária.

O Concílio de Niceia

A Igreja cristã surgiu como dissidência do judaísmo e rapidamente atraiu fiéis; para o Estado romano, os cristãos eram rebeldes pagãos que renegavam os deuses do Olimpo. Por isso eram caçados, presos e condenados à morte das formas mais diversas e dolorosas pelo Império Romano.

Isso perdurou até a chegada de Constantino ao poder. Filho de Helena (que depois seria canonizada pela Igreja católica e nomeada santa protetora dos arqueólogos), Constantino tornou-se *Caesar* do Império Romano Ocidental (que abrangia a Bretanha, a Gália, a Germânia e a Espanha) em 305 EC. Nessa época, Roma era governada por uma tetrarquia, com dois *Augustus* ("imperadores-sênior") e dois *Caesares* ("imperadores-júnior"), um para cada parte do Império (ocidental e oriental).

Em 28 de outubro de 312, Constantino conquistou uma importante vitória na batalha da Ponte Mílvia e tornou-se o *Augustus* da porção ocidental. Há relatos difusos e não comprovados de que Constantino atribuiu sua vitória a um sonho que tivera na noite anterior, que o impelira a ornar os escudos de seus soldados com o símbolo da cruz cristã. Verdade ou lenda, o fato é que Constantino acabou se convertendo ao cristianismo, o que mudou radicalmente o curso da história do ocidente.

No ano seguinte, Constantino e Licínio (o *Augustus* da porção oriental) produziram o Édito de Milão, proclamando a tolerância religiosa em todo o Império Romano. A sorte dos cristãos começava a mudar. Em 320, Licínio voltou atrás e recomeçou as perseguições religiosas. Isso levou Roma à guerra civil, cujo desfecho em 324 favoreceu Constantino.

Em 325, ele convocou o Concílio de Niceia, considerado o primeiro concílio oficial da Igreja. Em Niceia, Constantino deixou claro seu papel de imperador e pontífice máximo da Igreja: fazer cumprir as leis e regras dogmáticas decididas pelos bispos. O principal motivo do Concílio de Niceia foi dar um fim ao arianismo, que proclamava a superioridade de Deus em relação a Jesus Cristo, e instituir o conceito da Santíssima Trindade, com seus três elementos complementares e equivalentes.

O Concílio de Niceia tem importância fundamental para a história do calendário. Considerada a celebração mais importante da fé cristã, a Páscoa representa a ressurreição de Jesus, o que seria uma prova de sua divindade. Esta festa religiosa, como sabemos, ocorre em uma data móvel. A razão disso é o fato de Jesus ter vivido e morrido na Palestina, que utilizava o calendário judaico. Assim, precisamos converter a data do calendário judaico, que é lunissolar, para o calendário solar que usamos. Essa conversão resulta em dias diferentes a cada ano.

O Concílio de Niceia deixou clara a regra para o cálculo da Páscoa. Desde 325, a Páscoa deveria ser celebrada sempre no primeiro domingo depois da primeira Lua cheia após o equinócio vernal. Ou seja, os bispos deveriam observar a chegada da primavera no hemisfério Norte; assim que isso acontecesse, o primeiro domingo após a primeira Lua cheia seria o domingo de Páscoa. Desse jeito, casava-se a data lunissolar judaica com a data solar romana.

A partir de 325, o calendário passou a ser uma grande responsabilidade para a Igreja. E, como sabemos, o calendário romano continha uma pequena imprecisão. Na época de Constantino, já se notara que o equinócio vernal, fixado por Júlio César em 25 de março, estava ocorrendo em 21 de março. Os bispos então o refixaram em 21 de março nos anos comuns e em 20 de março nos bissextos. Mas isso só atualizava o equinócio, ainda não corrigia a duração do ano.

Ou seja, a imprecisão persistia.

Beda e Bacon

A correção imposta por Constantino após o Concílio de Niceia apenas, insistindo em nossa analogia do trem descarrilado, colocou os vagões de volta nos trilhos. Mas nada fez para consertar os trilhos em si. O calendário juliano continuava descompassado em relação ao ano trópico, atrasando quase 12 minutos por ano.

No começo do século VIII a defasagem entre os calendários civil e astronômico já era de três dias. Poucos, porém, davam importância a esse fato. Uma rara exceção foi o monge Beda, chamado de "O Venerável". Beda é conhecido como "o pai da história inglesa", graças a seu livro *Historia Ecclesiastica Gentis Anglorum* (História eclesiástica do povo inglês), publicado em 731. Mas sua obra de maior relevância para os nossos interesses é anterior a esta.

Em 725, Beda publicou *De Temporum Ratione* (Do cômputo do tempo), uma considerável ampliação de uma obra anterior, *De Temporibus* (Sobre o tempo), de 703. No livro ele aborda vários assuntos acerca do calendário e chama atenção em particular para o cálculo da Páscoa.

Conhecedor de astronomia, Beda observou o erro acumulado pelo calendário então vigente. Por suas afirmações, foi até acusado de ser herege, por isso não insistiu em seus cálculos. Beda era, antes de tudo, um homem profundamente religioso.

Outro religioso que se dedicou aos problemas do calendário foi o frade franciscano Roger Bacon. Nascido em 1214, em sua época o calendário juliano já estava cerca de uma semana fora do compasso astronômico.

Bacon era um estudioso; professor universitário em Oxford, ensinava aos alunos os pensamentos de Aristóteles. Depois, tornou-se professor em Paris. Em 1256, porém, sua carreira deu uma guinada: tornou-se frade franciscano. As restrições impostas pela ordem religiosa obrigaram-no a abandonar seu posto de professor e proibiram-no de publicar qualquer de seus escritos.

Por sorte, Roger Bacon atraiu a atenção (não se sabe como) de um importante cardeal: Guy de Foulques. O cardeal Foulques tornou-se o papa Clemente IV em 1265. Aproveitando suas prerrogativas papais, Clemente IV ordenou que Bacon escrevesse suas ideias, sobretudo as que defendiam a inserção da ciência nos dogmas da Igreja, criando uma nova teologia.

Roger Bacon aproveitou esta oportunidade única e produziu três volumes: *Opus Majus*, *Opus Minus* e *Opus Tertium*. Entre os diversos assuntos abordados por Bacon, estava o problema do calendário. No capítulo sobre a matemática em *Opus Majus*, Bacon faz uma crítica ferrenha ao calendário juliano e declara que o ano criado por Júlio César é cerca de 11 minutos mais longo que o ano trópico. Incrivelmente preciso! Bacon, inclusive, sugere uma nova correção: eliminar um dia a cada 125 anos.

Infelizmente, para Bacon e para todos os amantes da história do calendário, Clemente IV morreu em 1268, antes que pudesse ler a obra de Roger Bacon. A reforma do calendário acabou sendo esquecida.

Papas, papas e mais papas

Em 1345, a reforma do calendário voltou à pauta da Igreja sob as bênçãos de Clemente VI, quarto dos sete papas de Avignon. Os apelos papais foram respondidos por um estudioso chamado Jean de Meurs, que deixou claro que o calendário juliano estava errado e que para consertá-lo seria necessário suprimir uma certa quantidade de dias. Sua proposta era que se fizesse isso de uma única vez, no ano de 1349 (posterior a um ano bissexto). Clemente VI não teve tempo de implementar tal reforma, pois antes do início daquele ano a peste negra chegou à Europa e assuntos mais emergentes desviaram a atenção do papa.

Mais uma vez a reforma do calendário foi deixada de lado.

Após os sete papas de Avignon, a Igreja católica voltou a ter sua sede em Roma. Mas isso desagradou a muitos e durante um período conhecido como "cisma ocidental" houve dois papas ao mesmo tempo! O papa em Roma é considerado pela história como o papa de fato e de direito; o outro ficou conhecido como antipapa.

Um destes antipapas, João XXIII, editou, em 1412, um decreto em que reformava o calendário, usando basicamente as ideias de Roger Bacon. Pouca gente respeitou o decreto. (O leitor mais atento à história recente da Igreja católica não deve confundir esse antipapa com João XXIII, papa entre 1958 e 1963.)

Um pouco depois, em 1436, o cardeal alemão Nicolau de Cusa sugeriu que se retirassem sete dias de 1439 para que a Páscoa retornasse à sua data correta em relação ao calendário judaico. As incertezas astronômicas da época e a confusão que tal reforma geraria foram os principais argumentos contra a sua implantação.

E de novo o calendário não foi corrigido.

O papa Júlio II e seu sucessor, Leão X, presidiram o V Concílio de Latrão, realizado entre 1512 e 1517. Entre os muitos assuntos tratados, estava novamente o erro no cálculo da

Páscoa. À essa altura, em plena Renascença, tal erro da Igreja já começava a se tornar um embaraço.

Sob a orientação do bispo holandês Paul de Middleburg, que previa não o corte de dias no calendário, mas sim a mudança do dia do equinócio vernal, Leão X enviou diversas cartas aos diferentes reis europeus, esperando receber opiniões e, quem sabe, apoio para uma reforma do calendário. A falta de interesse dos regentes pelo assunto impediu que os planos do papa seguissem adiante.

Um dos resultados mais importantes do Concílio de Latrão foi o cisma da Igreja, liderado por Lutero, que deu origem ao protestantismo.

Pensando um novo calendário

Ameaçada pela ascensão do protestantismo, a Igreja católica experimentou um breve e conturbado período que culminou no Concílio de Trento. Convocado por diferentes papas entre 1545 e 1563, em sua parte final foi presidido por Pio IV. O principal resultado foi a edição do primeiro catecismo católico, conhecido como catecismo romano.

Uma resolução menor do Concílio de Trento, mas que nos interessa em particular, foi o compromisso formal assumido pela Igreja católica de reformar o calendário.

Luigi Lilio, médico italiano, interessou-se pela questão ao saber desta "convocação" papal, aberta a todos os estudiosos. Seu plano para reformar o calendário consistia, basicamente, em duas etapas. De novo, insistindo em nossa analogia ferroviária, era preciso primeiro colocar o trem de volta nos trilhos para em seguida consertá-los.

Lilio sugeriu a supressão de dez dias para que o equinócio vernal voltasse a coincidir com a deliberação do Concílio de

Niceia. Mas isso, por si só, era uma mudança superficial. Era necessário consertar os trilhos para evitar que no futuro o equinócio vernal voltasse a ficar defasado.

Para isso, Lilio propôs uma modificação na regra dos anos bissextos. Ele sugeriu a ausência de anos bissextos durante três anos em cada período de 400 anos. Isso melhorava, e de maneira impressionante, a precisão do ano.

Vimos que o ano juliano tinha, em média, 365 dias e seis horas (365,25 dias). Sabemos também que o ano trópico tem 365 dias, 5 horas, 48 minutos e 45,2 segundos (365,24219 dias). Pela sugestão de Lilio, o ano civil teria, em média, no período de 400 anos, a duração de 365,2425 dias (365 dias, 5 horas, 49 minutos e 12 segundos).

A conta não é difícil. Quatrocentos anos julianos teriam 146.100 dias no total (365,25 x 400); deste total, Lilio sugeria que eliminássemos três dias. Ou seja, em 400 anos, teríamos 146.097 dias. Dividindo este valor pelo total de anos (400), chegamos ao valor médio de um ano: 365,2425 dias.

Gregório XIII, o papa que promoveu a última reforma do calendário ocidental.

Se o ano juliano estava errado em cerca de 11 minutos em relação ao ano trópico, o "ano liliano" errava em menos de meio minuto! Impressionante.

Infelizmente, Luigi Lilio morreu antes de suas sugestões chegarem aos olhos do papa. Mas seu irmão, Antônio, tomou para si esta missão e fez com que o papa conhecesse os planos de Luigi para a reforma do calendário.

Foi apenas em 1582 que o papa Gregório XIII efetuou a reforma no calendário, quando já havia um atraso de 10 dias na data do equinócio (estava ocorrendo em 11 de março, e não em 21 de março). Em 24 de fevereiro de 1582, Gregório XIII editou uma bula papal chamada *Inter Gravissimas.*

(É curioso notar a data de sua publicação; já vimos que o dia 24 de fevereiro era justamente o dia em que era inserido o mês de *Mercedonius.* Se isso foi coincidência ou não, os livros de história não registram...)

Inter Gravissimas

A bula editada por Gregório XIII foi batizada com as duas primeiras palavras de seu primeiro parágrafo: "*Inter gravissimas pastoralis officii nostri curas...*" (Entre nossas mais sérias obrigações pastorais...). Ela tratava de dois assuntos; um deles era a reforma do calendário. Ou, como deixa claro o segundo parágrafo, "o ciclo anual da Páscoa e outras festividades cuja recorrência depende de medidas dos movimentos do Sol e da Lua".

A seguir, Gregório XIII reconhecia a dificuldade da tarefa com a qual se deparava:

> [A reforma] que em primeiro lugar exige a restauração do calendário foi tentada várias vezes, durante um longo período de tempo, por nossos pontífices romanos predecessores. No entanto, ela nunca foi concretizada, até agora, porque os vários projetos de reforma propostos por astrônomos, além de apresentarem as dificuldades imensas e intricadas que sempre acompanham tal reforma, não eram duradouros e, especialmente, não mantinham intactos os ritos antigos da Igreja, e isto era a nossa principal preocupação.

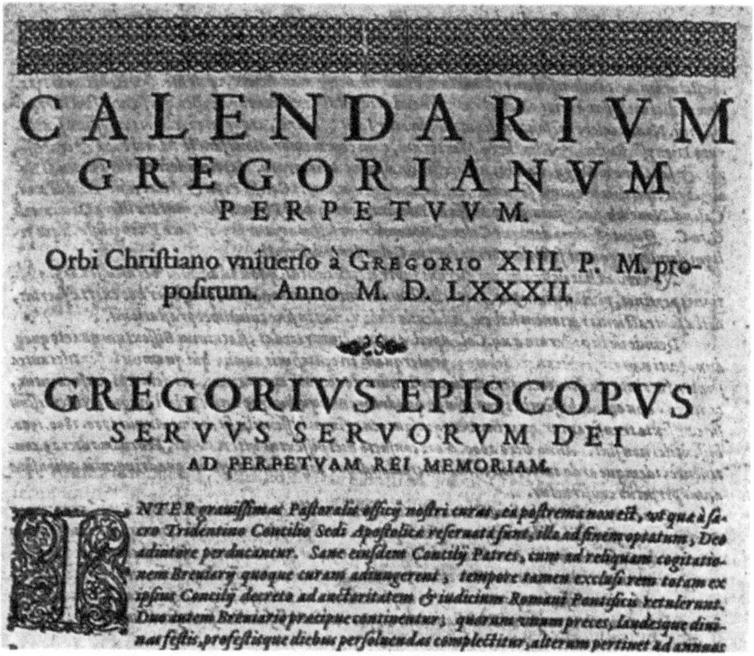

CALENDARIVM
GREGORIANVM
PERPETVVM.

Orbi Christiano vniuerso à GREGORIO XIII. P. M. propositum. Anno M. D. LXXXII.

GREGORIVS EPISCOPVS
SERVVS SERVORVM DEI
AD PERPETVAM REI MEMORIAM.

INTER grauissimas Pastoralis officij nostri curas, ea postrema non est, vt quæ à sacro Tridentino Concilio Sedi Apostolicæ reseruata sunt, illa ad finem optatum, Deo adiutore perducantur. Sane eiusdem Concilij Patres, cum ad reliquam cogitationem Breuiarij quoque curam adiungerent, tempore tamen exclusi rem totam ex ipsius Concilij decreto ad auctoritatem & iudicium Romani Pontificis retulerunt. Duo autem Breuiario præcipue continentur; quorum vnum preces, laudesque diuinas festis, profestisque diebus persoluendas complectitur, alterum pertinet ad annuos

Foi por meio da bula papal *Inter Gravissimas* que foram publicadas as regras da reforma gregoriana.

Gregório XIII enaltece a perseverança de Antônio Lilio e o trabalho de Luigi:

> Nosso querido filho Antônio Lilio, professor de ciências e medicina, trouxe até nós um livro escrito em algum momento por seu irmão Aloísio [Luigi, em latim]. ... Este novo projeto, resumido em um pequeno livro, foi enviado há alguns anos para os príncipes cristãos e para as grandes universidades para que este trabalho, um assunto pertinente a todos, seja feito com a consulta a todos.

No sétimo parágrafo da bula, encontramos o seguinte:

> Então, para que o equinócio vernal, afixado por nossos pais no primeiro Concílio de Niceia em XII calendas de abril [21 de março],

volte a esta data, nós prescrevemos e ordenamos que seja removido, em outubro do ano de 1582, dez dias que vão do dia três antes dos nonos [o dia 5] até o dia antes dos idos [o dia 14], inclusive.

Dois parágrafos depois, temos a nova regra para os anos bissextos:

Então, para que o equinócio se mantenha em XII calendas de abril (21 de março) no futuro, nós estabelecemos que a cada quatro anos se faça um ano bissexto (como é o costume), com a exceção dos anos centenários, que até agora sempre foram bissextos; afirmamos que o ano de 1600 permanecerá bissexto; depois disso, no entanto, os anos centenários não serão todos bissextos, mas só a cada 400 anos; os três primeiros anos centenários não serão bissextos e o quarto ano centenário o será, de modo que os anos 1700, 1800 e 1900 não serão bissextos. Certamente o ano 2000, como é nosso costume, terá uma intercalação bissexta, fevereiro terá 29 dias, e a mesma regra intermitente para as intercalações bissextas para cada período de 400 anos será preservada de maneira perpétua.*

A bula segue tratando de assuntos do calendário religioso, como epactas, números de ouro e letras dominicais, que escapam ao escopo deste livro.

Enfim o nosso calendário

O maior defensor do calendário gregoriano à época de seu lançamento foi o astrônomo e padre jesuíta Cristoph Clavius, que publicou um livro em 1603 reunindo todos os documentos,

* As citações em português contidas nesta seção foram traduzidas a partir do texto em inglês encontrado em http://www.bluewaterarts.com/calendar/NewInterGravissimas.htm.

éditos e bulas papais concernentes ao novo calendário. Este livro foi republicado em 1612 como o quinto volume da obra completa de Clavius, *Opera Mathematica*.*

No final do século XVI, Clavius era considerado o principal astrônomo europeu. Com a projeção obtida por Johannes Kepler e Galileu Galilei (cujos principais trabalhos astronômicos começaram a ser divulgados em 1609), Clavius acabou sendo ofuscado e escorregou pelas frestas dos livros de história.

Foram duas as modificações introduzidas com a reforma gregoriana. Simplificando a linguagem rebuscada da bula papal da seção anterior, podemos descrevê-las assim: primeiro, o dia seguinte à quinta-feira 4 de outubro de 1582 passou a ser sexta-feira 15 de outubro de 1582. Este era o sétimo parágrafo da *Inter Gravissimas*.

Isso causou uma grande confusão, e por isso mesmo foi necessária a autoridade de um papa para implantar a mudança (assim como já havia sido o papel de um ditador romano). Os religiosos ficaram preocupados com os santos que deveriam ser homenageados nos dias excluídos (apesar de tal fato ter sido abordado na bula).

Para citarmos um exemplo mais mundano, suponha que você seja um vassalo que deve a seu suserano uma certa quantia de produtos pela proteção e uso da terra. Está combinado, há gerações, que o pagamento deve ser efetuado, digamos, no dia 10 de cada mês. Você dorme no dia 4 de outubro com a certeza de ainda ter cinco dias para efetuar o pagamento. Mas acorda no dia 15 com cobradores batendo à porta e exigindo juros pelo atraso. Uma situação um tanto insólita!

---

* Este texto pode ser encontrado na íntegra, em latim, no site http://mathematics.library.nd.edu/clavius/.

Esta parte da reforma equivale à criação do "ano da confusão" por Júlio César. Ou seja, uma vez feito isso, o trem estava de volta aos trilhos. Era preciso, ainda, consertar os trilhos.

Com esse objetivo, a regra dos anos bissextos foi alterada. O calendário passou a ser pensado em grandes ciclos de 400 anos, como proposto por Lilio. E dentro destes ciclos, três anos que seriam bissextos pela regra do calendário juliano o deixariam de ser. O primeiro destes ciclos começou em 1600, que foi bissexto, mas 1700, 1800 e 1900 não o foram. O segundo ciclo começou em 2000, que foi bissexto. Já 2100, 2200 e 2300 não serão!

Desse modo, após três anos seculares (ou centenários) comuns, haverá um bissexto. Portanto, só serão bissextos os anos seculares divisíveis por 400. No calendário juliano, todos os anos seculares eram bissextos.

(Com nossos alunos, costumamos brincar e perguntar o que eles fizeram no dia 29 de fevereiro de 2000. Quanto mais o tempo passa, menos respostas obtemos, pois ninguém se lembra. Mas nós lembramos. Comemoramos a data criando um curso sobre o assunto, já que um novo dia 29 de fevereiro num ano secular só acontecerá em 2400!)

Este é o nosso calendário, o calendário gregoriano.

Há ainda uma diferença residual de 26,8 segundos por ano, o que equivale a dizer que a cada período de 400 anos o calendário gregoriano fica defasado em duas horas, 58 minutos e 40 segundos em relação à realidade astronômica. Isso é muito pouco, mas, como já dissemos, uma pequena defasagem é como uma pequena gravidez.

Lembrando que um calendário é feito para durar, caso esta defasagem persista, haverá um dia de diferença a cada 3.223 anos. Já há uma ideia para corrigir isso: tornar comum o ano 4000, que seria bissexto pela regra gregoriana. Contudo, esta questão não foi tratada pela reforma gregoriana (percebe-se com facilidade que Gregório XIII projetou o futuro até o ano 2000!).

Mudanças ao redor do mundo

A reforma gregoriana não foi aceita de imediato. Vários povos se opuseram a ela, principalmente os não católicos. Afinal, ela vinha de uma bula papal! Países católicos como Itália (embora a Itália não fosse um país unificado na época), Espanha e Portugal (e o Brasil a reboque, pois era colônia de Portugal) aderiram à novidade no mesmo instante. Outras potências europeias, como a Inglaterra (anglicana) e a Alemanha (luterana), mantiveram o calendário juliano.

Durante um bom tempo, a Europa conviveu com dois calendários muito parecidos entre si, o juliano e o gregoriano, e, por vezes, uma simples viagem através de uma fronteira nacional fazia o viajante "perder" dez dias! Algumas publicações usam a expressão "velho estilo" e "novo estilo" para se referir aos anos juliano e gregoriano, respectivamente.

A França adotou o calendário gregoriano em dezembro de 1582. Ao dia 9 daquele mês seguiu-se o dia 20. A Holanda, país de maioria protestante, também adotou o novo calendário em dezembro de 1582. A Alemanha e a Áustria mudaram seus calendários em 1584; a Hungria, em 1587.

A Dinamarca e a Noruega alteraram seus calendários em 1700. Após o dia 18 de fevereiro daquele ano, veio o dia primeiro de março.

A Inglaterra só aceitou a mudança em 1752. Como o ano de 1700 não foi bissexto no calendário gregoriano mas o foi no calendário juliano, para migrar para o novo calendário a Inglaterra precisou cortar 11 dias (e não dez). Ao dia 2 de setembro de 1752 seguiu-se o dia 14.

A mudança de calendário na Suécia foi bastante confusa. De maneira distinta de todos os outros países que decidiram adotar o calendário gregoriano, a Suécia optou por não eliminar todos os dias de uma tacada só. Em vez disso, ficou decidido que os dez dias seriam cortados gradualmente a partir de 1700. Os suecos fariam isso passando 40 anos sem ter anos bissextos!

A Suécia não teve ano bissexto em 1700 (ou seja, ficou um dia à frente do calendário juliano e dez atrás do gregoriano). Mas 1704 e 1708 foram bissextos, quando pelas regras suecas não deveriam ter sido. Assim, a Suécia passou a ter um calendário próprio, que não concordava nem com o juliano ou com o gregoriano. Essa norma foi revertida em 1712 por causa da tremenda confusão que reinava. Curiosamente, ao invés de cortar dez dias e adotar de vez o calendário gregoriano, os suecos decidiram retornar ao calendário juliano. Fizeram isso acrescentando dois dias a 1712, e nesse ano fevereiro teve não 29, mas 30 dias. Um ano "trissexto"!

A Suécia afinal adotou o calendário gregoriano em 1753, e ao dia 17 de fevereiro seguiu-se o dia primeiro de março.

Na Rússia, o calendário gregoriano só foi adotado em 1918, após a Revolução Bolchevique. Para tanto, foi necessário eliminar 13 dias de seu calendário e após o dia 31 de janeiro veio o dia 14 de fevereiro. Os últimos países europeus a adotar o calendário gregoriano foram a Grécia (1923) e a Turquia (1926).

As Américas, a África e a Oceania foram, por um longo período, colônias europeias. Os países destes continentes aderiram ao calendário gregoriano à medida que suas metrópoles o adotavam.

Na Ásia, a China adotou o calendário gregoriano em 1º de janeiro de 1912, mas um período conturbado fez com que só começasse a ser usado de fato em 1929. Até hoje, porém, o calendário chinês tradicionalista ainda é muito popular. Mas isso é apenas uma manifestação cultural, pois o calendário oficial da China é o mesmo que o nosso.

O Japão migrou para o calendário gregoriano antes, em 1873. O que é curioso, contudo, é que os japoneses — oficialmente — não contam os anos como nós. Mas a partir da ascensão ao trono de cada imperador. Porém, é claro, a população e o governo reconhecem a contagem dos anos gregorianos como é feita no resto do mundo.

Apesar de ter sido implementado por um papa no distante século XVI, podemos afirmar que o calendário gregoriano pode ser considerado o "calendário oficial" da Terra.

PARTE III DEPOIS

7

Outros calendários – O presente

Aam saiid!
Gung hay hat choy!
Xin nian kuai le!
Shanah Tovah!

Saudações de Ano-Novo em árabe, cantonês, mandarim e hebraico.

As religiões e o calendário

Este livro não trata de religiões. Portanto, não é nosso objetivo nos aprofundarmos neste assunto. De nosso interesse imediato é notar que, curiosamente, as três grandes religiões monoteístas (judaísmo, islamismo e cristianismo) optaram, cada uma, por contar o tempo de forma diferente.

A íntima ligação entre a adoração a Deus e a contagem do tempo vem justamente da vontade de fazer uma homenagem, de maneira precisa, a um ser superior, não só reconhecendo ciclos que existem na natureza, mas observando fenômenos repetitivos e, em determinadas ocasiões, relacionando-os a eventos de fé.

Já vimos que o cristianismo, após algumas idas e vindas, investiu em um calendário solar e, hoje, utiliza o calendário gregoriano, batizado com este nome em homenagem ao papa que promoveu a última reforma do calendário.

O calendário gregoriano não é mais ou menos correto que os demais calendários existentes; ele é muito eficiente no que se propõe: acompanhar o movimento aparente do Sol ao longo de um ano. Por um acaso, este calendário "cristão" acabou se tornando, ainda que não oficialmente, o calendário-base da nossa civilização.

Mas, insistimos, há outros calendários sendo usados, e em dois deles predomina o cunho religioso.

O calendário islâmico é lunar e é muito utilizado por povos de ascendência árabe. É bastante simples e direto, preocupando-se somente com as fases da Lua.

O judaico é lunissolar e, é claro, é seguido por judeus no mundo inteiro.

Além destes, trataremos neste capítulo do calendário chinês.

Os três calendários que citaremos adiante fazem parte de culturas diferentes, que usam alfabetos distintos; os nomes empregados neste livro são transliterações dos nomes originais e podem não representar a pronúncia oficial.

O calendário judaico

O calendário judaico pode ser dividido em "pré-talmúdico", "talmúdico" e "pós-talmúdico". Por tentar conciliar observações lunares e solares, é muito mais complicado que o calendário muçulmano ou o gregoriano.

O calendário judaico pré-talmúdico

Este calendário se baseia essencialmente nas observações do Sol e da Lua. Sua origem remonta ao surgimento oficial da religião judaica, ocorrido após o Êxodo.

Durante o cativeiro no Egito, os israelitas adotaram o calendário egípcio, com 360 dias distribuídos em 12 meses de 30 dias. É bom lembrarmos que durante muitos anos o povo judeu viveu sob o domínio dos egípcios. Portanto, era natural que contassem o tempo de forma semelhante.

Com a fuga do Egito, em 1942 AEC, os judeus, liderados por Moisés, ganharam novas leis religiosas (os dez mandamentos), um novo lar (Canaã, a terra prometida) e também um novo calendário. Moisés instituiu o ano lunar, reduzindo-o a 354 dias, ainda distribuídos por 12 meses, sendo seis de 29 e seis de 30 dias, dispostos de modo alternado.

O ano começava na primavera. O começo dos meses era marcado pelo primeiro aparecimento da Lua após a Lua nova (a neomênia).

A Torá (lei de Moisés) não indica os nomes dos meses, que parecem ter sido designados por seus números de ordem. Apenas quatro meses receberam nomes próprios: *Avivi*, *Ziv*, *Bul* e *Eitan*.

Foi durante o período de cativeiro da Babilônia, iniciado em 606 AEC, que os israelitas adotaram para o seu calendário os nomes dos meses do calendário babilônico, os quais se mantêm até hoje. Estes meses são, de acordo com sua ordem no calendário religioso:

1. *Nissan*	7. *Tishri*
2. *Lyar*	8. *Heshvan*
3. *Sivan*	9. *Kislev*
4. *Tamuz*	10. *Tevet*
5. *Av*	11. *Shevat*
6. *Elul*	12. *Adar*

Os anos babilônicos eram lunissolares, ou seja, os meses eram estabelecidos de acordo com o ciclo lunar. Mas periodicamente se introduzia um mês adicional para que o ano se mantivesse sintonizado, embora não com perfeita precisão, com o ciclo das estações.

Na ocasião do Segundo Templo, era o Sinédrio o responsável por decretar, em sessão pública, a neomênia ou Lua nova (embora em termos astronômicos não seja exatamente a Lua nova, pois como já dissemos antes, a neomênia é o primeiro avistamento da Lua. Portanto, corresponde a um momento em que ela já passou de sua fase nova). Com a destruição do Segundo Templo, em 69 EC, tal tarefa tornou-se responsabilidade do patriarca israelita.

A cerimônia de anúncio da neomênia era quase um ritual. Eram necessárias duas testemunhas de confiança que declarassem ter visto o fino crescente após a Lua nova. A neomênia era proclamada com solenidade e anunciada não só na Judeia, mas também na Babilônia. Transmitia-se esta notícia por meio de fogueiras, repetidas de estação em estação.

O calendário judaico talmúdico

Durante o patriarcado de Rabi Judá I (163-93), pelos falsos sinais luminosos transmitidos por inimigos, o sinais foram abolidos e adotou-se o anúncio da Lua nova por meio de mensagens escritas, e somente nos meses das festas e no mês *Av* (o quinto mês do ano religioso).

Naquele tempo, a fixação do dia da Lua nova por testemunhas parece ter perdido a importância, sendo substituída por cálculos astronômicos.

As festas eram fixadas, e ainda hoje são, em certos dias dos meses, mas era preciso também que cada uma delas caísse na estação do ano que lhe era própria.

Ora, as estações do ano ocorrem de acordo com o ano solar, e não com o lunar. E um ano lunar de 12 meses com 354 ou 355 dias é, pelo menos, 11 dias mais curto que o ano solar de 365 ou 366 dias. Assim, as festas reguladas pelo ano lunar se deslocariam 11 dias por ano de suas estações.

É importante notar que algumas comemorações judaicas, como a Páscoa (*Pessach*) e a festa da colheita (*Sucot*), são próprias de certas estações do ano. A primeira é realizada na primavera e a segunda no outono. A solução adotada foi a prática da intercalação: um mês adicional era introduzindo sempre que a defasagem exigisse. Essa resolução era determinada pelo Sinédrio.

O calendário judaico pós-talmúdico

No início do século IV, as perseguições aos judeus chegaram a tal ponto que todos os exercícios religiosos, inclusive a computação do calendário, foram proibidos. O Sinédrio foi proibido de inserir o mês intercalar. Estes fatos levaram o patriarca da época, Hillel II, a adotar, em 358, um calendário fixo baseado no cálculo astronômico.

A data do início da Era Judaica é, segundo o Gênesis, a da criação do mundo: 7 de outubro do ano 3761 antes da Era Cristã. Esta data, no calendário judaico, é o dia 1º de *Tishri* do ano 1 – dia que marca o início do ano civil judaico.

(É importante ressaltar que o início do ano civil judaico acontece sempre em 1º de *Tishri*, mas como este calendário é lunissolar, esse dia oscila pelas datas de nosso calendário solar, ou seja, não há como afirmar, sem algum tipo de cálculo, em que dia isso ocorrerá em nosso calendário. Por definição, 1º de *Tishri* do ano 1 foi o dia 7 de outubro de 3761 AEC.)

Os meses do calendário judaico correspondem às lunações médias de 29 dias, 12 horas, 44 minutos e 3,5 segundos.

Como o mês civil só pode ser composto por dias completos, as 12 horas de cada um de dois meses consecutivos constituem um dia que se atribui a um destes meses. Sendo assim, a duração dos meses se alterna entre 29 e 30 dias. Os meses de 29 dias chamam-se cavos, os de 30, plenos.

Portanto, a duração média de um mês era de 29 dias e 12 horas. Restavam ainda 44 minutos e 3,5 segundos para respeitar o mês lunar astronômico. Esta defasagem chega a um dia em 32 meses.

Por esse motivo, os meses de *Heshvan* e *Kislev* têm duração variável de ano para ano. Quando o primeiro tem 29 dias e o segundo 30, os anos são chamados de "regulares"; quando *Heshvan* tem 29 dias e *Kislev* também, os anos são "defeituosos"; e, por fim, quando ambos têm 30 dias, os anos são denominados "abundantes".

A duração variável deles é necessária também para regular o ciclo das festas religiosas.

O calendário judaico atual

Também chamado de "calendário de Hillel", o calendário judaico atual é o próprio calendário pós-talmúdico devidamente regulamentado para que não dependa apenas de uma "casta superior" conhecedora dos mistérios do céu.

Calculando o ano solar em 365,2422 dias, e o lunar em 12 lunações de 29 dias, 12 horas, 44 minutos e 3,5 segundos, há entre eles a diferença de quase 11 dias (10 dias e 21 horas). Em 19 anos essa diferença se eleva para 206 dias e 15 horas. Se inserirmos, em sete destes 19 anos, um mês extra com 30 dias, estaremos acrescentando um total de 210 dias (7 x 30).

Os anos com 13 meses lunares são chamados de embolismais, para distingui-los dos de 12 meses, que se chamam comuns.

Os anos embolismais, que no antigo calendário eram regulados pela experiência, passam no calendário de Hillel a ser determinados pelo ciclo lunar de Méton, que tem 19 anos e perfaz 235 lunações médias, fazendo com que as luas novas caiam nos mesmos dias do mês. Ou seja, a criação de um período de 19 anos no qual haverá 7 anos com 13 meses e 12 anos com 12 meses provoca uma concordância bastante satisfatória entre o ano solar e o ano lunar.

O mês intercalar, que é colocado entre os meses *Adar* e *Nissan*, recebe o nome de *Adar II* ou *Veadar* e tem sempre 29 dias. Já *Adar* tem 29 dias em anos comuns e 30 em anos embolismais.

O ano civil começa no outono, no mês *Tishri*, que corresponde a uma parte dos nossos meses de setembro ou outubro e foi adotado antes da saída do Egito. Os hebreus não o abandonaram depois, mas também aderiram, alguns dias antes de deixarem a terra dos faraós, o ano religioso determinado por Moisés.

O ano religioso começava, e ainda começa, na primavera, no mês de *Nissan*, que corresponde aos meses de março ou abril.

COMPOSIÇÃO ANUAL DO CALENDÁRIO JUDAICO								
NÚMERO DE ORDEM		NOME DOS MESES	ANO COMUM			ANO EMBOLISMAL		
ANO CIVIL	ANO RELIGIOSO		D.	R.	A.	D.	R.	A.
1º	7º	*Tishri*	30 d.	30 d.	30 d.	30 d.	30 d.	30 d.
2º	8º	*Heshvan*	29	29	30	29	29	30
3º	9º	*Kislev*	29	30	30	29	30	30
4º	10º	*Tevet*	29	29	29	29	29	29
5º	11º	*Shevat*	30	30	30	30	30	30
6º	12º	*Adar*	29	29	29	30	30	30
-	-	*Adar II*	-	-	-	29	29	29
7º	1º	*Nissan*	30	30	30	30	30	30
8º	2º	*Lyar*	29	29	29	29	29	29
9º	3º	*Sivan*	30	30	30	30	30	30
10º	4º	*Tamuz*	29	29	29	29	29	29
11º	5º	*Av*	30	30	30	30	30	30
12º	6º	*Elul*	29	29	29	29	29	29
		Somas	353	354	355	383	384	385

A tabela contém a composição dos anos civis e religiosos do calendário judaico. Os números das duas primeiras colunas indicam a ordem que seguem os meses nos anos civil e religioso. As letras D, R e A assinalam se o ano é defeituoso, regular ou abundante, respectivamente.

Há algumas regras que obrigam o início do ano a ser deslocado em um dia do novilúnio: se a Lua nova de *Tishri* cair no domingo, na quarta-feira ou na sexta-feira, o Ano-Novo é transferido para o dia seguinte; e quando a Lua nova cai depois do meio-dia, seja qual for o dia, o Ano-Novo também é transferido para o dia seguinte. A adição ou a supressão de um dia nos meses de *Heschvan* e *Kislev* vão influir na classificação do ano, quer comum ou embolismal, quer defeituoso, regular ou abundante.

O deslocamento do Ano-Novo se deve a duas regras rabínicas fundamentais:

1 – O dia do Kipur (perdão) jamais pode cair numa sexta-feira ou num domingo.

2 – O dia de Hoshana Raba (último dia de *Sucot*, a "festa dos tabernáculos") nunca deve ocorrer num sábado.

Pela primeira regra, Rosh Hashaná (Ano-Novo) jamais cairá numa quarta ou sexta-feira, e por conta da segunda regra, também não cairá num domingo.

Os árabes e a astronomia

Obrigados a cruzar grandes distâncias em meio à vastidão dos desertos, os árabes, desde cedo, desenvolveram um apurado senso de orientação astronômica. Antes de nos lançarmos aos mares, foram os beduínos e demais nômades dos desertos que refinaram a navegação astronômica.

Uma grande parte das estrelas até hoje carrega nomes árabes. Talvez por isso mesmo seus nomes nos soem tão estranhos e impronunciáveis. Afinal de contas, por que uma estrela haveria de se chamar Unukalhai ou Zubenelgenubi? A primeira é a alfa da constelação da Cabeça da Serpente e significa "pescoço" em árabe; já a segunda é a alfa da Balança e seu longo nome pode ser traduzido como "a pinça que está ao sul", em referência à pinça do Escorpião, que em desenhos antigos segurava os pratos da Balança.

Outras estrelas têm nomes mais tipicamente árabes, como os que apresentam o prefixo "Al". Podemos citar algumas de fácil localização: Aldebaran (alfa da constelação de Touro) e Alnilan (épsilon de Órion, bastante conhecida por ser uma das Três Marias); outras, como Algol (beta da constelação de Perseu) e Albireo (beta de Cisne) talvez sejam mais difíceis de serem encontradas no céu. Há vários outros exemplos, e, como costumamos brincar com os nossos alunos do curso "Identificação do Céu", dizer que o nome de uma estrela começa com "Al" não é uma dica das mais úteis!

Devemos, ainda, agradecer aos árabes pela preservação do conhecimento astronômico durante a Idade Média, quando a civilização europeia, sob o jugo da Igreja, viveu uma era de obscurantismo no conhecimento. Graças aos árabes, o *Grande*

Em várias bandeiras de países muçulmanos, como a da Turquia, aparece o "fino crescente", o que demonstra a observância ao calendário lunar.

tratado do astrônomo alexandrino Cláudio Ptolomeu (conhecido por seu nome em árabe, Al Majist, aportuguesado para Almagesto) sobreviveu incólume à Idade das Trevas.

Depois disso, por motivos religiosos, a orientação tornou-se algo importantíssimo na vida de um cidadão de ascendência árabe, visto que ele deve fazer suas orações voltado para a cidade sagrada de Meca.

Podemos dizer sem qualquer dúvida que os árabes, de modo geral, sempre cultivaram uma relação de proximidade e familiaridade com o ciclo lunar. E isso até hoje pode ser observado na profusão de menções à Lua em diversas bandeiras de países de origem árabe.

O calendário muçulmano

Antes de Maomé, os árabes tinham um calendário lunissolar: meses lunares com a adição periódica de um mês intercalar para se manter sincronizado com o ano solar. Esta intervenção humana pareceu inaceitável ao profeta. Assim, impôs um calendário puramente lunar que vigora até hoje.

O dia se inicia, como no calendário judaico, com o pôr do sol. O mês começa, também de maneira semelhante ao calendário judaico, com a observação da neomênia, o fino crescente visível logo após a Lua nova (um ou dois dias depois). Essa observação deve ser feita por pessoas treinadas para esse fim. Tem como desvantagem o fato de a percepção do aspecto da Lua variar de um lugar para outro. Quando ela não pode ser observada por causa do mau tempo, por exemplo, uma autoridade define, assim que a Lua se tornar visível, quando o mês teve início. Em alguns países, a observação é substituída por tabelas construídas especificamente para este fim, caso do sistema adotado na Arábia Saudita, que calcula a fase da Lua para a cidade de Meca.

A contagem dos anos no calendário muçulmano se inicia no ano da Hégira, que marca a fuga do profeta Maomé de Meca para Medina. No calendário juliano, isso ocorreu em 16 de julho de 622. Esta data foi oficializada, pelo Califa Umar I, 11 anos após a morte de Maomé.

O calendário muçulmano se atém apenas ao ciclo lunar. Doze lunações duram 354 dias, 8 horas, 48 minutos e 30 segundos, ou seja, a construção do calendário muçulmano deve se preocupar com o habitual problema da incomensurabilidade.

O ano muçulmano é composto por 12 meses de 29 ou 30 dias, que ocorrem de maneira alternada. Isso nos daria um ano de 354 dias, mais curto em 8 horas, 48 minutos e 30 segundos. Em um período de 30 anos, a defasagem totaliza 11 dias. Para conformar o ano de seu calendário com o ano lunar, os muçulmanos precisam acrescentar 11 dias a cada período de 30 anos.

Neste ciclo lunar, os 11 dias são corrigidos por meio do acréscimo periódico de um dia ao último mês. Os anos em que isso ocorre são denominados embolismais (não devemos confundir, no entanto, com os anos embolismais, que têm 13 meses, do calendário judaico). Num ciclo de 30 anos, são 11 anos embolismais e 19 comuns. Os anos embolismais são, dentro do ciclo de 30 anos, os que ocupam as posições 2, 5, 7, 10, 13, 16, 18, 21, 24, 26 e 29.

Tendo o ano solar 365 ou 366 dias, dependendo se é comum ou bissexto, e o lunar 354 ou 355, se é comum ou embolismal, o ano lunar, de um ano para outro, começa 10 ou 11 dias mais cedo que o solar. E assim, em consequência da própria natureza do ano, os meses percorrem todas as estações em 33 anos, retrogradando ou 11 dias a cada ano.

Os meses do ano muçulmano sucedem-se na seguinte ordem:

NOME DO MÊS	DURAÇÃO EM DIAS
1. *Moharran*	30
2. *Suphar*	29
3. *Reby 1*	30
4. *Reby 2*	29
5. *Gioumadi 1*	30
6. *Gioumadi 2*	29
7. *Redjeb*	30
8. *Schaaban*	29
9. *Ramadhan*	30
10. *Schewal*	29
11. *Dulkaiadath*	30
12. *Dulkagiadath*	29 ou 30

O calendário chinês

O calendário chinês é lunissolar, com meses de 29 ou 30 dias e alguns ajustes periódicos. Inicia-se no dia da segunda Lua nova depois do solstício de inverno (de fins de janeiro a meados de fevereiro). O ano tem 12 ou 13 meses e sua duração pode ter 353, 354 ou 355 dias nos anos comuns (12 meses), ou 383, 384 ou 385 nos anos "bissextos" (13 meses). Este sistema mantém os meses lunares atrelados ao ano solar.

Os meses do calendário chinês começam no dia da Lua nova (astronômica), ao contrário dos calendários islâmico e judaico, em que o início ocorre na neomênia, o primeiro crescente visível (um ou dois dias depois da Lua nova).

O calendário chinês é o mais antigo entre os que ainda permanecem em uso. Sua criação está associada ao imperador Huang Ti e data de 2600 AEC.

Na visão oriental, o tempo não é sequencial, mas cíclico. A denominação do ano é obtida pela combinação de dois ciclos: o dos troncos celestes e o dos ramos terrestres.

Troncos celestes (*zhongqi*)	Ramos terrestres (*jieqi*)
1. *jia*	1. *zi* (rato)
2. *yi*	2. *chou* (boi)
3. *bing*	3. *yin* (tigre)
4. *ding*	4. *mao* (coelho)
5. *wu*	5. *chen* (dragão)
6. *ji*	6. *si* (serpente)
7. *geng*	7. *wu* (cavalo)
8. *xin*	8. *wei* (carneiro)
9. *ren*	9. *shen* (macaco)
10. *gui*	10. *you* (galo)
	11. *xu* (cão)
	12. *hai* (porco)

O ciclo se completa após 60 anos. Em 7 de fevereiro de 2008 se iniciou o ano 4706 (*wuzi*, "rato terrestre"); em 26 de janeiro de 2009 começará o ano 4707 (*jichou*, "boi terrestre").

8

Outros calendários – O passado e o futuro

Se você tem um sonho, é porque existe o tempo para realizá-lo.

PROVÉRBIO MAIA

O calendário maia

O calendário maia, assim como sua civilização, sucumbiu perante a colonização espanhola. Mas sua complexidade e engenhosidade o torna um dos calendários mais interessantes a ser estudado.

Para começar, precisamos entender que os maias possuíam três formas independentes de contar o tempo, as quais muitas vezes eram usadas sobrepostas umas às outras. A mais básica de todas e, portanto, de compreensão mais fácil é o longo ciclo (ou contagem longa). Este calendário nada mais é do que uma contagem de dias corridos, com um ciclo composto por 2.880.000 dias (cerca de 7.885 anos).

A unidade básica do calendário de dias corridos dos maias era, é claro, o dia (*kin*). Vinte *kins* perfaziam um *uinal*; 18 *uinals*, um *tun*; 20 *tuns*, um *katun*; 20 *katuns* eram um *baktun*; e, por fim, 20 *baktuns* formavam um *pictun*. Ou seja, um *pictun* tinha 2.880.000 *kins*!

Havia unidades ainda maiores: o *calabtun* (20 *piktuns*), o *kinchiltun* (20 *calabtuns*) e o *alautun* (20 *kinchiltuns*). O *alautun*, que representa um período de mais de 63 milhões de anos, é a maior unidade de qualquer calendário que se tem conhecimento.

Um grande ciclo maia duraria 13 *baktuns*, ou 1.872.000 dias. O grande ciclo atual começou no distante ano de 3114 AEC (provavelmente em 8 de setembro) e terminará em 23 de dezembro de 2012. Segundo os maias, a civilização terminará nesta data e o mundo será recriado.

Na contagem longa dos maias, o dia 1º de janeiro de 2008 foi 12.19.14.17.4 (12 *baktuns*, 19 *katuns*, 14 *tuns*, 17 *uinals* e 4 *kins*). O dia 1º de janeiro de 2009 será 12.19.15.17.10.

Mas esse era apenas um dos modos como os maias contavam o tempo. Além do calendário de dias corridos, os maias acompanhavam com atenção o movimento do Sol e por isso construíram um calendário semelhante ao egípcio.

O ano maia chamava-se *haab* e continha 365 dias. Estes eram divididos em 18 *uinals* (com 20 dias cada) e cinco dias epagômenos, reunidos em um pequeno *uinal* chamado *uyaeb*. A seguir, vemos os nomes dos 18 meses maias (é bom ressaltar que os nomes dos meses variaram muito ao longo da história da civilização maia, e até num mesmo período algumas cidades adotavam nomes diferentes. Os nomes usados aqui são os comumente aceitos pelos estudiosos):

Nomes dos 18 meses maias

1. *Pop*
2. *Uo*
3. *Zip*
4. *Zotz*
5. *Tzec*
6. *Xul*
7. *Yaxkin*
8. *Mol*
9. *Chen*
10. *Yax*
11. *Zak*
12. *Ceh*
13. *Mac*
14. *Kankin*
15. *Muan*
16. *Pax*
17. *Kayab*
18. *Cumku*

\- *Uayeb*

Neste calendário, o dia 1º de janeiro de 2008 foi o 12º dia do mês de *Kankin*. O dia 1º de janeiro de 2009 será o 13º dia do mês de *Kankin*. Os *haabs* (anos), porém, não eram numerados.

Mas havia ainda outro calendário funcionando simultaneamente: o religioso. O ano ritual dos maias durava 260 dias e era conhecido como *tzolkin*. Este ano também era dividido em períodos (13 ao todo) de 20 dias, mas agora tais períodos têm relação com a nossa semana, e não mais com os nossos meses. Isso porque os *uinals* do *tzolkin* não possuíam nomes próprios. Seus dias, entretanto, os tinham (exatamente como a nossa semana!). A seguir vemos os nomes dos dias no calendário religioso dos maias: *Imix*, *Ik*, *Akbal*, *Kan*, *Chiccan*, *Cimi*, *Manik*, *Lamat*, *Muluc*, *Oc*, *Chuen*, *Eb*, *Ben*, *Ix*, *Men*, *Cib*, *Caban*, *Etznab*, *Cauac*, *Ahau*.

Mas a contagem dos dias dentro de um determinado *tzolkin* não se assemelha em nada com a que temos hoje em nosso calendário. Digamos que um *tzolkin* específico comece com o dia 1 *Imix*. Poderíamos pensar que é o dia *Imix* do primeiro "*uinal*" (algo como um domingo da primeira semana). Mas o dia seguinte não será 1 *Ik* (algo como a segunda-feira da primeira semana), e sim 2 *Ik*! O dia seguinte será 3 *Akbal* e assim por diante, até chegarmos a 13 *Ben*, que antecede 1 *Ix*. Complicadíssimo! Os nomes e os números avançam ao mesmo tempo, mas como há 20 nomes e apenas 13 números, isso possibilita 260 combinações diferentes, o próprio *tzolkin*.

O dia 1º de janeiro de 2008 foi o 8 *Kan* de um *tzolkin*. O dia 1º de janeiro de 2009 será 10 *Oc*. Assim como os *haabs*, os *tzolkins* também não eram numerados.

A localização de um dia específico dentro de um *haab* e de um *tzolkin* era complementar, do mesmo modo que poderíamos descrever o primeiro dia de um ano como sendo 1º de janeiro (um número e um nome de mês) ou, digamos, domingo da semana 1 (um número e um nome de dia).

Diferentemente do exemplo dado com o nosso calendário atual (em que ambas as localizações se referem a um mesmo "ano"), as duas localizações usadas pelos maias se referiam a "anos" diferentes (a primeira, ao *haab* de 365 dias; a segunda, ao *tzolkin* de 260 dias). Como os "anos" não concordam, as denominações demoram a se repetir (o que não acontece em nosso calendário atual). Elas, na verdade, se repetem a cada 52 anos (18.980 dias, que é o mínimo múltiplo comum dos números 13, 20 e 365). Por isso os maias não viam a necessidade de marcar seus "anos" (tanto os *haabs* como os *tzolkins*).

Esse ciclo era simplificado pela "roda do calendário", que representava ao mesmo tempo o *haab* e o *tzolkin*.

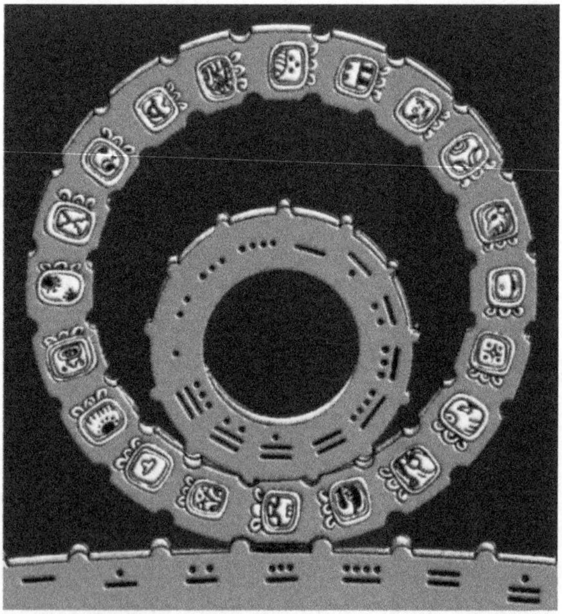

Com esse dispositivo era possível combinar o ciclo *tzolkin* (260 dias) com o ciclo *haab* (365 dias). As duas engrenagens menores, que correspondem ao primeiro deles, identificam 13 numerais e 20 dias. A engrenagem maior compreende 365 dias.

Um dia como o 1º de janeiro de 2009, chamado 13 *Kankin* 10 *Oc*, só se repetirá daqui a 52 anos! (E, para diferenciar estas duas datas tão distantes, os maias se utilizavam do calendário de dias corridos).

O calendário da Revolução Francesa

O calendário da Revolução Francesa é uma das muitas tentativas de reforma do calendário e vigorou entre 1792 e 1805.

Os representantes do povo francês, reunidos em 21 de setembro de 1792 para a Convenção Nacional, ao abrirem a sua sessão, proclamaram a abolição da monarquia.

Para marcar a nova era em que a França entrava, a Convenção Nacional, entre outras reformas, propôs também alterar o calendário. Este novo calendário não deveria subordinar-se à prática de nenhum culto, e a medição do tempo tinha que obedecer, tanto quanto possível, ao sistema decimal de pesos e medidas então recentemente estabelecido em toda a França.

O ano tinha 365 dias e, quando os astrônomos deliberavam, 366. O calendário revolucionário era bastante semelhante ao dos egípcios: eram 12 meses de 30 dias, havendo no fim do ano mais cinco dias epagômenos (que não pertenciam a qualquer mês) destinados a festas cívicas. Estes cinco dias epagômenos foram consagrados, consecutivamente, à virtude, ao gênio, ao trabalho, à opinião e à recompensa.

Para manter a coincidência do ano civil com os movimentos celestes, o ano tinha um sexto dia epagômeno quando a posição do equinócio o comportava.

O ano começava à meia-noite do dia civil, tempo médio de Paris, em que ocorria o equinócio verdadeiro do outono. Assim, o primeiro ano da República francesa começou a zero-hora de

23 de setembro de 1792, e acabou à meia-noite de 21 para 22 de setembro de 1793.

Os meses também foram renomeados. A nova nomenclatura tinha a vantagem de a terminação do nome do mês indicar a estação do ano em que caía. Além disso, os nomes também estavam associados a algum acontecimento marcante, meteorológico ou agrícola que ocorria naquele mês específico. Mas esses critérios aparentemente expressivos e harmoniosos tinham o inconveniente de não poderem ser aplicados a toda a Terra, mas apenas a algumas regiões, e em particular à França.

Os nomes dos meses do calendário republicano francês são: vendemiário, brumário, frimário, nevoso, pluvioso, ventoso, germinal, floreal, prairial, messidor, termidor e frutidor.

Seguindo a ideia de privilegiar um sistema decimal, os meses franceses foram divididos não em semanas, mas em três unidades de dez dias cada (semelhante ao antigo calendário grego). Cada uma das unidades era chamada de década.

Os nomes dos dias de cada década eram: *primidi*, *duodi*, *tridi*, *quartidi*, *quintidi*, *sextidi*, *septidi*, *octidi*, *nonidi* e *decadi*.

Esta divisão tinha a vantagem, que não tem a semana, de, uma vez conhecido o nome do dia da década, remeter de imediato, sem qualquer cálculo, ao dia do mês em que se estava.

O dia, que durava da meia-noite à meia-noite seguinte, foi dividido em dez partes, ou horas, que foram repartidas em outras dez, e assim sucessivamente até a menor fração comensurável. A centésima parte da hora chamava-se minuto decimal. Tal disposição, porém, não chegou à prática por causa das transformações de relojoaria a que obrigava.

O calendário republicano esteve em vigor na França até 31 de dezembro de 1805, quando foi restabelecido o calendário gregoriano por Napoleão I.

Propostas para outros calendários

De tudo o que falamos até agora, uma única coisa foi repetida à exaustão, ainda que de maneira subliminar: o calendário é uma criação humana. É uma construção arbitrária que deve respeitar um ou outro ciclo da natureza.

Visando o ciclo solar, o calendário juliano se organiza em blocos de quatro anos; o calendário gregoriano, mais preciso, possui blocos de 400 anos. O calendário muçulmano, puramente lunar, pode ser visto como uma sucessão de períodos com 30 anos de duração. O calendário judaico, lunissolar, deve ser estudado em um ciclo metônico de 19 anos.

Entre todos os calendários que vimos até agora, nenhum é mais ou menos correto que os demais. Alguns são mais precisos, é verdade, mas todos são coerentes entre si: dispondo-se a acompanhar determinado ciclo da natureza, fazem-no por meio de algum tipo de dispositivo de intercalação.

Dito isso, gostaríamos de convidar o leitor a divisar um calendário novo. E, como estímulo, apresentamos duas propostas para calendários que circularam pela extinta Liga das Nações na primeira metade do século XX.

A primeira delas surgiu, ainda no século XIX, do abade italiano Marco Mastrofini. Ciente de que os 365 dias de um ano civil dificultavam subdivisões, Mastrofini suprimiu um dia e dividiu os 364 dias restantes em quatro períodos de 91 dias. Cada período seria composto por três meses: o primeiro teria 31 dias, os dois seguintes possuiriam 30 dias cada. Com 91 dias, um trimestre tem um número exato de 13 semanas. Assim, a cada trimestre os dias da semana se repetiriam sempre na mesma ordem.

Com 13 semanas por trimestre e quatro trimestres em um ano de 364 dias, Mastrofini sugeriu a adição de um dia epagômeno, que não pertenceria a nenhum mês ou semana, a ser

Calendário Universal

Janeiro							Fevereiro							Março						
D	S	T	Q	Q	S	S	D	S	T	Q	Q	S	S	D	S	T	Q	Q	S	S
1	2	3	4	5	6	7				1	2	3	4						1	2
8	9	10	11	12	13	14	5	6	7	8	9	10	11	3	4	5	6	7	8	9
15	16	17	18	19	20	21	12	13	14	15	16	17	18	10	11	12	13	14	15	16
22	23	24	25	26	27	28	19	20	21	22	23	24	25	17	18	19	20	21	22	23
29	30	31					26	27	28	29	30			24	25	26	27	28	29	30
Abril							Maio							Junho						
D	S	T	Q	Q	S	S	D	S	T	Q	Q	S	S	D	S	T	Q	Q	S	S
1	2	3	4	5	6	7				1	2	3	4						1	2
8	9	10	11	12	13	14	5	6	7	8	9	10	11	3	4	5	6	7	8	9
15	16	17	18	19	20	21	12	13	14	15	16	17	18	10	11	12	13	14	15	16
22	23	24	25	26	27	28	19	20	21	22	23	24	25	17	18	19	20	21	22	23
29	30	31					26	27	28	29	30			24	25	26	27	28	29	30
Julho							Agosto							Setembro						
D	S	T	Q	Q	S	S	D	S	T	Q	Q	S	S	D	S	T	Q	Q	S	S
1	2	3	4	5	6	7				1	2	3	4						1	2
8	9	10	11	12	13	14	5	6	7	8	9	10	11	3	4	5	6	7	8	9
15	16	17	18	19	20	21	12	13	14	15	16	17	18	10	11	12	13	14	15	16
22	23	24	25	26	27	28	19	20	21	22	23	24	25	17	18	19	20	21	22	23
29	30	31					26	27	28	29	30			24	25	26	27	28	29	30
Outubro							Novembro							Dezembro						
D	S	T	Q	Q	S	S	D	S	T	Q	Q	S	S	D	S	T	Q	Q	S	S
1	2	3	4	5	6	7				1	2	3	4						1	2
8	9	10	11	12	13	14	5	6	7	8	9	10	11	3	4	5	6	7	8	9
15	16	17	18	19	20	21	12	13	14	15	16	17	18	10	11	12	13	14	15	16
22	23	24	25	26	27	28	19	20	21	22	23	24	25	17	18	19	20	21	22	23
29	30	31					26	27	28	29	30			24	25	26	27	28	29	30

Tabela do calendário universal.

introduzido depois do último dia do ano (30 de dezembro) e antes do primeiro dia do ano seguinte (1º de janeiro). Este dia seria conhecido como "dia mundial".

Seguindo as regras dos anos bissextos gregorianos, o ano deste calendário teria mais um dia epagômeno, que deveria ser introduzido entre 30 de junho e 1º de julho.

O calendário proposto por Mastrofini ficou conhecido como calendário universal.

Uma outra proposta elegante que chegou à Liga das Nações ficou conhecida como calendário sol. Sua construção, assim como a do calendário universal, começa com a exclusão de um dia. O ano de 364 dias seria dividido em 13 meses de 28 dias. O mês extra, batizado de Sol, seria introduzido entre junho e julho. E de novo um dia epagômeno (ou dois, em caso de anos bissextos) seria introduzido para manter a concordância com o ciclo solar.

É curioso notar que em ambos os calendários descritos os dias da semana deixam de ser vagos. Isto é, se o leitor teve a infelicidade de nascer numa segunda-feira, seu aniversário será sempre numa segunda-feira!

Calendário Sol

Janeiro						
S	T	Q	Q	S	S	D
1	2	3	4	5	6	7
8	9	10	11	12	13	14
15	16	17	18	19	20	21
22	23	24	25	26	27	28

Fevereiro						
S	T	Q	Q	S	S	D
1	2	3	4	5	6	7
8	9	10	11	12	13	14
15	16	17	18	19	20	21
22	23	24	25	26	27	28

Março						
S	T	Q	Q	S	S	D
1	2	3	4	5	6	7
8	9	10	11	12	13	14
15	16	17	18	19	20	21
22	23	24	25	26	27	28

Abril						
S	T	Q	Q	S	S	D
1	2	3	4	5	6	7
8	9	10	11	12	13	14
15	16	17	18	19	20	21
22	23	24	25	26	27	28

Maio						
S	T	Q	Q	S	S	D
1	2	3	4	5	6	7
8	9	10	11	12	13	14
15	16	17	18	19	20	21
22	23	24	25	26	27	28

Junho						
S	T	Q	Q	S	S	D
1	2	3	4	5	6	7
8	9	10	11	12	13	14
15	16	17	18	19	20	21
22	23	24	25	26	27	28

Sol						
S	T	Q	Q	S	S	D
1	2	3	4	5	6	7
8	9	10	11	12	13	14
15	16	17	18	19	20	21
22	23	24	25	26	27	28

Julho						
S	T	Q	Q	S	S	D
1	2	3	4	5	6	7
8	9	10	11	12	13	14
15	16	17	18	19	20	21
22	23	24	25	26	27	28

Agosto						
S	T	Q	Q	S	S	D
1	2	3	4	5	6	7
8	9	10	11	12	13	14
15	16	17	18	19	20	21
22	23	24	25	26	27	28

Setembro						
S	T	Q	Q	S	S	D
1	2	3	4	5	6	7
8	9	10	11	12	13	14
15	16	17	18	19	20	21
22	23	24	25	26	27	28

Outubro						
S	T	Q	Q	S	S	D
1	2	3	4	5	6	7
8	9	10	11	12	13	14
15	16	17	18	19	20	21
22	23	24	25	26	27	28

Novembro						
S	T	Q	Q	S	S	D
1	2	3	4	5	6	7
8	9	10	11	12	13	14
15	16	17	18	19	20	21
22	23	24	25	26	27	28

Dezembro						
S	T	Q	Q	S	S	D
1	2	3	4	5	6	7
8	9	10	11	12	13	14
15	16	17	18	19	20	21
22	23	24	25	26	27	28

Tabela do calendário sol.

Reiteramos o convite para que o leitor crie seu próprio calendário, com novas divisões e, possivelmente, outros sistemas de intercalação.

9 Outras curiosidades

O problema do depois é que antes vem o durante.
Autor desconhecido

A semana

São quatro as grandes unidades de tempo que usamos em nosso dia a dia. O ano e o dia vêm dos movimentos da Terra (revolução e rotação, respectivamente). O mês é originado pelo período de lunação. Falta, então, explicar a semana, que também tem origem astronômica, embora menos direta que as outras três unidades de medida de tempo.

Vimos que a Lua tem infinitas fases, uma a cada instante de tempo. Mas, na maioria dos idiomas, apenas quatro delas possuem nomes próprios (Lua nova, quarto crescente, Lua cheia e quarto minguante). É bastante comum nos referirmos às "quatro fases da Lua", como se só estas existissem. Não é isso, mas como são as únicas com nome próprio, são estas que mais chamam nossa atenção.

São necessários sete dias, aproximadamente, para a Lua ir de uma fase a outra (insistindo que estamos aqui preocupados apenas com as fases que têm nome próprio!), e parece que isso transforma o período de sete dias em algo que merece ser contabilizado. Uma unidade de tempo composta por sete dias consecutivos era, ainda na Antiguidade, quase universal.

Além disso, eram conhecidos sete objetos celestes que mudavam de posição em relação às estrelas (os planetas Mercúrio, Vênus, Marte, Júpiter e Saturno, além do Sol e da Lua). Os babilônios foram os primeiros a nomear os dias deste curto período lunar (entre uma fase e outra) em homenagem a tais objetos.

Esta prática foi adotada pelos romanos e por outros povos europeus influenciados por eles. Além disso, os romanos também batizaram este período de "sete manhãs", *Septmana* em latim. Na tabela abaixo, vemos os dias da semana em alguns dos principais idiomas.

Latim	Espanhol*	Francês*	Saxão**	Inglês	Alemão
Solis dies	*Domingo*	*Dimanche*	*Sun's day*	*Sunday*	*Sonntag*
Lunae dies	*Lúnes*	*Lundi*	*Moon's day*	*Monday*	*Montag*
Martis dies	*Martes*	*Mardi*	*Tiw's day*	*Tuesday*	*Dienstag*
Mercurie dies	*Miercoles*	*Mercredi*	*Wonden's day*	*Wednesday*	*Mittwoch*
Jovis dies	*Juéves*	*Jeudi*	*Thor's day*	*Thursday*	*Donnerstag*
Veneris dies	*Viernes*	*Vendredi*	*Friga's day*	*Friday*	*Freitag*
Saturni dies	*Sábado*	*Samedi*	*Saterne's day*	*Saturday*	*Samstag*

Ordenando os dias da semana

Os dias da semana estão ordenados da seguinte maneira: dia do Sol, dia da Lua, dia de Marte, dia de Mercúrio, dia de Júpiter, dia de Vênus e dia de Saturno. Notamos que aparentemente esta ordem não tem nenhum sentido.

* Em espanhol e em francês foi alterada a nomenclatura do domingo e do sábado; a justificativa é a mesma da língua portuguesa, que será descrita adiante.
** Na língua saxã, Tiw, Wonden, Thor e Friga representam os deuses correspondentes na mitologia nórdica a Marte, Mercúrio, Júpiter e Vênus. Este idioma influenciou as línguas inglesa e alemã.

No sistema aristotélico, a ordem de afastamento dos "planetas" em relação à Terra era: Lua, Mercúrio, Vênus, Sol, Marte, Júpiter e Saturno. Esta ordem foi corretamente deduzida pela velocidade destes astros na esfera celeste.

Na Antiguidade, dedicava-se cada hora a um planeta que a influenciaria. Os planetas eram ordenados do mais afastado para o mais próximo; aquele que, acreditava-se, influenciava a primeira hora do dia era também o planeta daquele dia.

A primeira hora do primeiro dia era dedicada ao Sol, o mais importante astro da esfera celeste. Este dia era, portanto, o "dia do Sol". Seguindo o ordenamento aristotélico, mais próximo do que o Sol está Vênus. Então a hora seguinte era dedicada a ele. A terceira hora era de Mercúrio; a quarta, da Lua; a quinta, de Saturno; a sexta, de Júpiter; e a sétima, de Marte. A partir da oitava hora, repetia-se o ciclo: Sol, Vênus etc.

Para saber qual seria a primeira hora (e as seguintes) do dia, e por consequência o "planeta do dia", usava-se a "estrela dos magos", ou heptacorda, uma figura cabalística.

A língua portuguesa não dividiu os dias segundo o nome dos planetas porque no começo do cristianismo a Páscoa durava

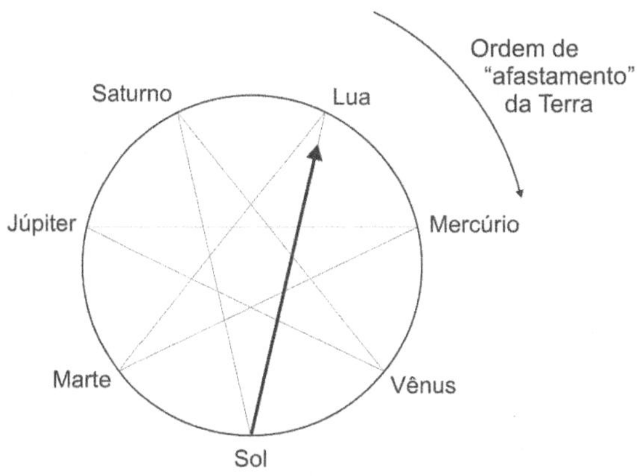

Heptacorda.

uma semana, período em que o trabalho era reduzido ao mínimo possível e o tempo era destinado exclusivamente a orações. Esses dias eram os *feriaes*, ou seja, feriados. Para enumerar os *feriaes*, começou-se pelo sábado, assim como os hebreus faziam. O dia seguinte ao sábado seria o *feria-prima* (domingo), depois seria o *segunda-feria* (segunda-feira) e assim por diante. O sábado tem sua origem em *Shabbath*, dia do descanso para os hebreus.

O imperador Flávio Constantino (280-337), após se converter ao cristianismo, substituiu a denominação de *Dies Solis* ou *Feria-prima* para *Dominica* (dia do Senhor), que por sua vez foi adotada pelos povos latinos.

LATIM LITÚRGICO	PORTUGUÊS
Dies Dominica	Domingo
Feria Secunda	Segunda-feira
Feria Tertia	Terça-feira
Feria Quarta	Quarta-feira
Feria Quinta	Quinta-feira
Feria Sexta	Sexta-feira
Sabbatum	Sábado

Horas, minutos e segundos

Nosso principal objetivo neste livro é tratar do calendário. Neste contexto, a menor unidade de tempo que nos interessa é o dia. Mas, claro, há unidades menores que ele e gostaríamos de falar muito brevemente sobre elas.

Devemos aos egípcios e aos sumérios a divisão do dia em 24 horas. (Já vimos que os sumérios usavam uma aritmética baseada no número 12.) Para os egípcios, o período entre o nascer e o ocaso do Sol era dividido em dez "horas", às quais eram acrescentadas duas horas: uma para cada crepúsculo (vespertino e matutino). Posteriormente, passou-se a empregar 12 horas também para dividir a noite.

É interessante notar que a princípio essas horas eram "elásticas". Isso acontecia porque, por definição, o dia deveria ter 12 horas, assim como a noite. Como no verão o Sol fica mais tempo acima do horizonte do que no inverno, as horas mudavam de duração de acordo com as estações. Hoje chamamos esta "hora" de "hora sazonal".

As horas com duração variável podem nos parecer estranhas, mas aos egípcios seria estranho ter (como no caso do verão carioca) uma noite com apenas dez horas e um dia com 14!

A hora se divide em minutos. Em sua origem, o minuto foi empregado como uma subdivisão de outra unidade sexagesimal, o grau, que por sua vez é definido como 1/360 do círculo.

Foi apenas no século XIII, quando os relógios mecânicos começaram a ser precisos o bastante, que o minuto passou a ser empregado para medir o tempo. Uma vez que a maioria dos mostradores dos relógios são circulares, o uso do termo "minuto" foi uma apropriação natural e lógica.

É curioso notar que por algum tempo os relógios só possuíam o ponteiro das horas. Não havia mecanismos precisos o suficicente para marcar intervalos de tempo menores que a hora! Muitos relógios não tinham sequer mostrador, simplesmente badalavam para indicar as horas cheias.

O minuto corresponde a 1/60 do grau ou da hora. Deriva da expressão *pars minuta prima*, "a primeira parte pequena" em latim.

O segundo também teve origem geométrica e, à medida que os relógios foram se tornando mais precisos, também foi incorporado à marcação do tempo. Ele equivale à subdivisão sexagesimal do minuto (quer esteja representando um ângulo ou um intervalo de tempo). A palavra deriva da expressão latina *pars minuta secunda*, "a segunda parte pequena".

Eras e mais eras

Na cronologia, ciência que estuda a passagem do tempo, uma "era" é um período que tem um começo bem-definido (e pode ou não ter um fim). Em nossa história do calendário, o termo "era" aparece associado à numeração dos anos. Só faz sentido dizer o "número" do ano se deixarmos claro a qual era nos referimos.

Em nosso dia a dia, não precisamos nos preocupar com isso, pois vivemos todos sob o mesmo calendário e, claro, na mesma era. O calendário gregoriano tem seu marco temporal no ano do nascimento de Jesus. Assim surge o termo "Era Cristã". Vimos que Dionísio o Pequeno, cometeu um erro em seu cálculo original. Por isso mesmo, há um movimento não tão recente que vem ganhando força e tem como objetivo alterar esta nomenclatura. Ao longo deste livro, sempre que necessário, usamos a denominação "Era Comum".

No calendário muçulmano, usa-se a "Era da Hégira", já que seus anos são contados a partir da fuga de Maomé de Meca para Medina. No calendário judaico, usa-se a "Era da Criação", pois seus anos começam a ser contados a partir da gênese do mundo. No calendário romano, usava-se a "Era Romana", *ab urbe conditia.*

O termo "era" aparece em outros contextos em que é preciso contar o tempo. A geologia divide o tempo em eras. Há unidades maiores, os "éons". O éon atual começou há cerca de 545 milhões de anos e é dividido em três eras: Paleozoica, Mesozoica e Cenozoica (a atual). Cada era é dividida em unidades menores, os períodos. Talvez o mais famoso período seja o Jurássico, por conta de uma série de filmes norte-americanos sobre dinossauros.

O período atual é o Quaternário, parte da Era Cenozoica e do Éon Fanerozoico.

A cosmologia, ciência que estuda o Universo, também divide o tempo em eras. As eras cosmológicas, contudo, têm nomes menos inventivos que os das eras geológicas.

Originalmente, a cosmologia reconhecia apenas duas eras: a da Radiação e a da Matéria. A primeira começou no instante do *Big Bang* e durou cerca de 300 mil anos, justamente quando os átomos começaram a se formar. A partir de então, e até os dias de hoje, o Universo vive a Era da Matéria.

Descobertas recentes, mas que fogem ao escopo deste livro, mostram que a expansão do Universo, que teve origem no *Big Bang*, está mais acelerada, de modo que num futuro distante o Universo entrará em outra era, a Era da Energia Escura. Mas não precisamos nos preocupar com isso agora.

O dia juliano

Na astronomia, é comum a necessidade de saber o número de dias corridos entre determinados eventos. Por exemplo: sabendo que cada planeta gira ao redor do Sol com velocidades diferentes, se quisermos prever quando certa configuração planetária se repetirá, com certeza teremos que trabalhar com um número fracionário de anos.

Muitas vezes é mais conveniente trabalhar com a quantidade de dias corridos...

Para isso foi criado o conceito de "dia juliano", que é um calendário de dias corridos, muito semelhante à contagem longa dos maias. O dia juliano não está aparentemente relacionado ao calendário criado por Júlio César. Muitos acreditam que a nomenclatura seja uma homenagem a Julius Scaliger, pai de Joseph Scaliger, precursor da ideia. Mas, em 1583, quando publicou seu cálculo original, Joseph deixou claro que o dia juliano teria esse nome porque respeitava certos ciclos inerentes ao calendário juliano.

E que ciclos são estes? O ciclo solar (28 anos) o metônico (19 anos) e o das indicções (15 anos), uma espécie de censo realizado no Império Romano. Multiplicando esses valores entre si, Scaliger chegou ao "período juliano" de 7.980 anos. Seguindo os cálculos (equivocados) de Dionísio sobre o nascimento de Cristo, Scaliger concluiu que o atual período juliano começou ao meio-dia de 1º de janeiro de 4713 AEC.

Muito tempo depois, em 1849, o astrônomo inglês John Herschell sugeriu esta data como origem de um sistema de contagem de dias corridos: o dia juliano.

O dia 1º de janeiro de 2008 foi o dia juliano 2454466,5 (a parte fracionária denota o fato de que o dia juliano, diferentemente dos dias do calendário gregoriano, começa ao meio-dia). O dia 1º de janeiro de 2009 será o JD 2454832,5 (a sigla JD significa *Julian day*). Perceba que a diferença entre estes dois valores é de exatamente 366 dias, o que significa que 2008 é um ano bissexto.

Para se evitar a utilização de grandes números envolvendo milhões de dias, pode-se optar pelo uso do "dia juliano modificado" (MJD). Esta contagem nada mais é do que uma redefinição da origem do dia juliano, que passa a ser o dia 17 de novembro de 1858. Esta data é completamente arbitrária e se justifica apenas pelo fato de corresponder a JD 2400000,5. Ou seja, a partir de um dia juliano, basta subtrair 2400000,5 para encontrarmos o dia juliano modificado.

O leitor atento perceberá que o dia juliano modificado começa à meia-noite.

Datas móveis em nosso calendário

Este livro, voltamos a insistir, não se propõe a falar de religião. É um livro sobre calendário que, vez por outra, esbarra em assuntos religiosos por força de seu objetivo principal. Mas no maior país católico do mundo, é conveniente abordar uma curiosidade que persegue as pessoas: as festas religiosas móveis.

Antes de mais nada, vale instigar ainda mais a curiosidade do leitor. As duas maiores celebrações do catolicismo são o Natal (nascimento de Cristo) e a Páscoa (morte e ressurreição de Jesus). É no mínimo curioso notar que a primeira tem uma data fixa (25 de dezembro, sempre!), enquanto a segunda tem uma data móvel. Como pode Jesus ter nascido em um "dia fixo" e morrido e ressuscitado num "dia móvel"?

Algo não está certo...

Jesus nasceu e viveu na Palestina, e ainda que estivesse ocupada pelos romanos, era o calendário judaico que comandava o dia a dia daquela região. Ou seja, o calendário obedecido por Cristo era o calendário lunissolar judaico, e não o calendário solar romano. Dito isso, devemos então entender fatos e eventos históricos sob a ótica lunissolar para, só então, converter as datas para o nosso calendário gregoriano (solar).

Sabe-se que a Última Ceia foi a comemoração do *Pessach*, comumente chamada de "Páscoa judaica", uma inversão de sentido corriqueira. O *Pessach* festeja a fuga dos judeus do Egito; sua celebração é muito mais antiga que a Páscoa. Se precisássemos de fato fazer alusão de uma religião na outra, deveríamos no mínimo chamar a Páscoa de "*Pessach* cristão". Mas isso é apenas uma discussão semântica...

Sendo a Última Ceia uma celebração do *Pessach*, uma festa tradicional judaica que comemora o Êxodo, ela pode ser bem-localizada no calendário lunissolar judaico. Em outras palavras, no calendário judaico, o *Pessach* cai sempre na mesma data: 4 de *Nisan* (e por isso mesmo ele é uma festa móvel no calendário gregoriano, que é puramente solar).

O ideal seria converter a data da Última Ceia para o calendário juliano (solar), que vigorava naquela época. Digamos que

Jesus Cristo tenha sido crucificado no ano 33 da Era Comum (algo provavelmente incorreto, visto que já sabemos que ele não nasceu no ano 1 da Era Comum). Esse ano corresponde ao ano 3793 na contagem judaica dos anos (desde a criação do mundo). Pois bem, 14 de *Nisan* de 3793 corresponde a 3 de abril de 33 (uma sexta-feira, é claro) no calendário juliano. Ou seja, poderíamos ter "cristalizado" essa data e celebrar a "Sexta-feira Santa" todo dia 3 de abril (e aqui o termo vai entre aspas porque não seria obrigatoriamente uma sexta-feira).

Hoje, e já há muito, não se faz mais isso. Desde o Concílio de Niceia, em 325, o domingo de Páscoa ficou estabelecido como o primeiro domingo após a primeira Lua cheia depois do equinócio de março (fixado em 21 de março). Ainda que o calendário judaico tenha sido deixado de lado, fica clara a "lunissolaridade" desta data.

As duas outras principais datas móveis ditadas pelo calendário eclesiástico cristão são o Corpus Christi, sempre celebrado 60 dias após o domingo de Páscoa (e, por isso mesmo, sempre numa quinta-feira). E, claro, o Carnaval.

O Carnaval está longe de ser uma festa religiosa. A origem deste nome é duvidosa, mas a maioria dos historiadores acredita que o termo vem de "festa da carne", que marcaria o último dia antes da quaresma em que era permitido consumir carne.

Uma outra origem para a palavra Carnaval é *carrum navalis*, "carro-navio" em latim. Muito antes do cristianismo, os romanos celebravam a Saturnália num evento em que um carro em formato de navio circulava pela cidade.

Hoje, o Carnaval se transformou na maior festa popular do mundo e é o aspecto mais característico da nossa cultura. A terça-feira de Carnaval ("terça-feira gorda") acontece sempre 47 dias antes do domingo de Páscoa.

A verdadeira história do Natal

Uma vez elucidado o mistério da Páscoa, podemos voltar nossa atenção para o Natal. Afinal, voltamos a insistir, é muito estranho que Jesus Cristo tenha nascido em um "dia fixo" e morrido em um "dia móvel".

A Páscoa, já vimos, respeita o calendário lunissolar judaico. Sua data precisa é obtida pela conversão de uma data correta naquele calendário em uma outra data do calendário gregoriano, puramente solar. Se quiséssemos comemorar o dia do nascimento de Jesus, com certeza deveríamos fazê-lo numa data móvel.

Então, o Natal, o dia 25 de dezembro, não é a data de nascimento de Jesus. É uma data tomada de empréstimo da astronomia.

A Terra, em seu movimento de revolução ao redor do Sol, passa por alguns pontos de especial interesse: os solstícios e os equinócios. Historicamente, esses pontos são considerados os inícios das estações (verão, outono, inverno e primavera).

No dia do solstício de dezembro, dizemos que está começando o verão no hemisfério Sul (e o inverno no hemisfério Norte). Para os habitantes do hemisfério Norte, esta data tem o dia mais curto do ano (e, claro, a noite mais longa).

Os povos antigos que moravam em altas latitudes do hemisfério Norte e sofriam muito com o frio do inverno comemoravam nesta data o "Dia do Sol Invencível". Sabiam que a partir daquele dia o Sol recuperaria sua força; sabiam que o pior havia passado. Reuniam-se todos em torno do fogo e trocavam presentes, na certeza de que sobreviveriam aos rigores da estação.

Em tempos antigos, o solstício de dezembro acontecia no dia 25. Hoje, no calendário gregoriano, este dia cai em 21 ou 22 do mesmo mês (dependendo se o ano é bissexto). Há muito tempo, então, o dia 25 de dezembro é um dia de comemoração, um dia para se reunir a família.

A expansão da Igreja católica por toda a Europa incorporou alguns hábitos já existentes entre os diferentes povos, e um deles foi exatamente a celebração do dia 25 de dezembro. E assim o "nascimento" do Sol acabou sendo celebrado como o nascimento de Jesus.

O leitor mais atento às celebrações católicas há de notar uma forte correlação de outra festa religiosa com o solstício de junho...

O solstício de verão do hemisfério Norte (nosso inverno) foi identificado com o nascimento de João Batista. De fato, João Batista é considerado o "precursor da luz do mundo", tendo nascido seis meses antes de Jesus.

O dia de São João Batista é comemorado em 24 de junho. Atualmente, o solstício varia entre os dias 21 e 22 de junho.

O horário de verão

O tema não se encaixa exatamente no assunto principal deste livro, mas como costuma gerar alguma polêmica entre a população, é conveniente abordá-lo sob a ótica astronômica.

Há dois tipos de reclamação que surgem nos meios de comunicação sempre que o horário de verão tem início. O primeiro, e mais profundo, é a adaptação metabólica e fisiológica ao novo horário. Sobre isso não podemos opinar (a não ser como leigos). Mas especial revolta causa o fato deste artifício ter seu começo na primavera. Esta aparente precocidade não constitui um erro.

O verão do hemisfério Sul, como já o definimos, começa em fins de dezembro, no dia do solstício. Neste dia, teremos a noite mais curta do ano. A partir desta data, as noites vão ficando cada vez mais longas, até ficarem com a mesma duração dos dias (no equinócio). Continuam crescendo até um máximo, o que ocorre no solstício de inverno.

Do ponto de vista histórico, o solstício de dezembro marca o início do verão no hemisfério Sul. Mas, astronomicamente, em termos da quantidade de luz incidente, este dia deveria ser entendido como o auge do verão.

Como o horário de verão foi criado para um melhor aproveitamento da luz do Sol, não é de se estranhar que o início do verão como o conhecemos (ou seja, no dia do solstício) abrigue o meio do horário de verão. É por isso que o horário de verão começa em plena primavera e termina antes que o verão acabe.

É bom lembrar que, quanto mais afastados estivermos do Equador, mais acentuada será a diferença entre dias e noites ao longo do ano. Nas regiões Norte e Nordeste do Brasil, esta disparidade é tão pequena que o horário de verão não costuma ser adotado.

Os que não são favoráveis a ele podem ainda achar vários pontos negativos em sua adoção. Só não podem, agora, reclamar que o horário de verão começa em plena primavera!

O dia da mentira

Apesar de o início do ano civil ter sido transferido, já na Roma Antiga, para o dia 1º de janeiro, o começo do ano litúrgico da Igreja católica permaneceu em 25 de março, próximo ao equinócio de primavera do hemisfério Norte. Os estudiosos, tanto das religiões como dos calendários, chamam isso de "estilo da Anunciação", pois nessa data a Virgem Maria teria recebido a visita do anjo Gabriel anunciando que ela seria a mãe do filho de Deus.

Outros estilos menos usados para o início do ano em diferentes partes da Europa foram o "estilo da Páscoa", no qual o ano começava sempre no domingo de Páscoa (que, como já vimos, é uma data móvel em nosso calendário solar e, portanto, trazia um complicador desnecessário à população), e o "estilo da Natividade", em que o ano começava no Natal.

A reforma gregoriana de 1582 oficializou o início do ano eclesiástico em 1º de janeiro, concordando com o ano civil, no que é conhecido como "estilo da Circuncisão", pois segundo as tradições judaicas, um bebê do sexo masculino deveria ser circuncidado uma semana depois de seu nascimento. Nunca é demais lembrar que Jesus era judeu...

Antes do papa Gregório XIII, em 1564, o rei Carlos IX, da França, decretou que seus súditos deveriam respeitar o início do ano juliano como prescrito por Júlio César, em 1º de janeiro. Os católicos protestaram, uma vez que o calendário eclesiástico ainda se iniciava em 25 de março. Para marcar sua posição, passaram a celebrar de maneira ostensiva a chegada do Ano-Novo. As comemorações duravam uma semana, fazendo com que o primeiro dia útil do ano fosse, de fato, o dia 1º de abril.

Os súditos mais fiéis do rei francês, que passaram a celebrar o Ano-Novo em 1º de janeiro, hostilizavam os católicos que insistiam em usar o "estilo da Anunciação". Com o passar do tempo, as hostilidades deram origem a brincadeiras e "pegadinhas". Logo depois, o calendário gregoriano foi concebido e todos passaram a adotar o dia 1º de janeiro como o primeiro do ano.

Mas a tradição das pegadinhas já havia se formado e acabou sendo exportada para o resto do mundo. Desde então, o dia 1º de abril é conhecido como o "dia da mentira".

Índice remissivo